无人机专业创新型人才培养规划教材·高等职业教育

无人机应用技术导论

远洋航空教材编写委员会　编

北京航空航天大学出版社

内 容 简 介

近年来，无人机应用场景日新月异，无人机专业人才供不应求，而无人机教育仍处于探索和起步阶段。为满足日益增长的人才需求，方便无人机专业教学的开展，特编写本教材。全书共8章，以无人机为中心，介绍与其相关的基础知识，包括无人机概述、无人机飞行平台、无人机主要飞行系统、无人机飞行环境及飞行原理、无人机法律法规及飞行管理、无人机操控、无人机行业应用、无人机设计与开发。本书内容多而不杂、广而不深，通俗易懂。

本书可作为高等职业院校和中等职业院校无人机应用技术及相关专业的教材，也可作为无人机爱好者和相关培训机构的参考书。

图书在版编目(CIP)数据

无人机应用技术导论 / 远洋航空教材编写委员会编
. -- 北京 ：北京航空航天大学出版社，2019.9
ISBN 978-7-5124-3095-2

Ⅰ.①无… Ⅱ.①远… Ⅲ.①无人驾驶飞机—教材
Ⅳ.①V279

中国版本图书馆CIP数据核字(2019)第186948号

无人机应用技术导论
远洋航空教材编写委员会 编
责任编辑 蔡 喆 周世婷
*
北京航空航天大学出版社出版发行
北京市海淀区学院路37号(邮编100191) http://www.buaapress.com.cn
发行部电话:(010)82317024 传真:(010)82328026
读者信箱:goodtextbook@126.com 邮购电话:(010)82316936
三河市华骏印务包装有限公司印装 各地书店经销
*
开本:787×1 092 1/16 印张:9.75 字数:250千字
2019年9月第1版 2023年1月第5次印刷 印数:7001～9000册
ISBN 978-7-5124-3095-2 定价:39.00元

若本书有倒页、脱页、缺页等印装质量问题，请与本社发行部联系调换。联系电话:(010)82317024

远洋航空教材编审委员会

远洋航空教材编写委员会

前　　言

无人机凭借着可远程遥控及具有自主飞行能力、成本低、安全系数高等优点，不仅广泛应用于军事领域，在民用领域也大放异彩，如在航空拍摄、农林病虫害防护、交通管制、应急救援、安全监测和物流快递等领域发挥着比传统方式更加出色的作用。本书紧跟无人机产业前沿技术，以无人机专业相关的基本概念、基本原理、基本技术和基本方法为主线，结合课题组近年来的教学与实践经验编写而成。

本书遵循以实用为主、够用为度，由简到繁、循序渐进的教学规律，较为系统地介绍了无人机应用技术基础知识，其主要内容包括无人机概述、无人机飞行平台、无人机主要飞行系统、无人机飞行环境及飞行原理、无人机法律法规及飞行管理、无人机操控、无人机行业应用、无人机设计与开发。另外本书借助“远洋云课堂”教学平台，提供了海量立体化素材，主要通过二维码的形式展现，其中部分素材引用于网络，并标有来源，若有漏标之处请与远洋航空教材编写委员会联系（邮箱：ffzh_jy@126.com）。

焚膏油以继晷，恒兀兀以穷年。本书是编写委员会成员所在的教学科研团队在无人机领域历年教学与科研实践工作的基础上，结合国内外相关文献编写的。编写分工如下：第1章、第4章、第7章由丁安琪编写，第3章、第6章、第8章由王旭编写，第2章、第5章由陈巧云编写。本书在编写过程中得到了各位编审委员会成员的建议与指导。感谢远洋航空为了推动中国民用无人机产业、教育、服务的快速发展，精心组织编写委员会成员参与本书的编写工作；感谢各位委员和专家百忙之中抽出时间，为本书提供指导意见和相关素材；感谢在编写过程中，给我们提供帮助的所有朋友。

受限于编者之能力，本书如有不妥之处，恳请读者批评指正，使之完善提高。

编　者

2019年7月

前言

目　录

第1章　无人机概述

无人机作为一种新兴技术，随着科技的进步，近几年在国内外迅猛发展。无人机不仅改变了传统的军事作战方式，而且因其生产成本低、安全系数高、生存能力强、机动性能好等优点，在民用领域也得到了广泛应用，如在影视航拍、农业植保、电力巡线、人道主义救援等方面都有应用。

无人机航拍作品

本章主要介绍无人机的定义、无人机的发展历程以及无人机专业学习指导。本章内容重在带领学生走进无人机的世界，认识和了解无人机，并对如何学好无人机应用技术专业课程给出指导性建议。

1.1　无人机介绍

本节重点阐述无人机的定义、无人机系统组成以及无人机与其他航空器的区别。通过本节的学习，希望同学们对无人机具有一个宏观的认识，并为后续内容的学习奠定基础。

1.1.1　无人机的定义

无人机，顾名思义，就是无人驾驶的飞机，通常是指利用无线电遥控设备和控制系统操纵的不载人飞机。

中国民用航空局飞行标准司在2016年7月11日颁布的咨询通告AC-61-FS-2016-20R1《民用无人机驾驶员管理规定》中对无人机有明确的定义：无人机（UAV，Unmanned Aerial Vehicle），是由控制站管理（包括远程操纵或自主飞行）的航空器，也称远程驾驶航空器（RPA，Remotely Piloted Aircraft）。

1.1.2　无人机系统组成

无人机系统简单来说，是指保障无人机能够正常飞行并执行任务的整个工作系统，无人机的正常使用离不开无人机系统各部分的协同工作。

《民用无人机驾驶员管理规定》中对无人机系统有明确定义：无人机系统（UAS，Unmanned Aircraft System），是指无人机以及与其相关的地面站、任务载荷、数据链路、发射/回收装置、支援设备等组成的系统，也称远程驾驶航空器系统（RPAS，Remotely Piloted Aircraft Systems），如图1.1.1所示。

① 无人机：是执行任务的载体，可携带任务设备，到达目标区域完成命令的任务。

② 地面站：就是地面的基站，是无人机的指挥中心。可将无人机发回来的信息进行分析、处理，同时也可给无人机下达各种指令。

③ 数据链路：是无人机与地面系统联系的纽带，是无人机系统中最关键的部分，也是最脆弱的部分。数据链路有上行通道和下行通道：上行通道，实现对无人机的飞行遥远控制；下行通道，完成对无人机飞行状态参数的遥测。

④ 任务载荷：是无人机上所载的设备、武器、探测装置等。

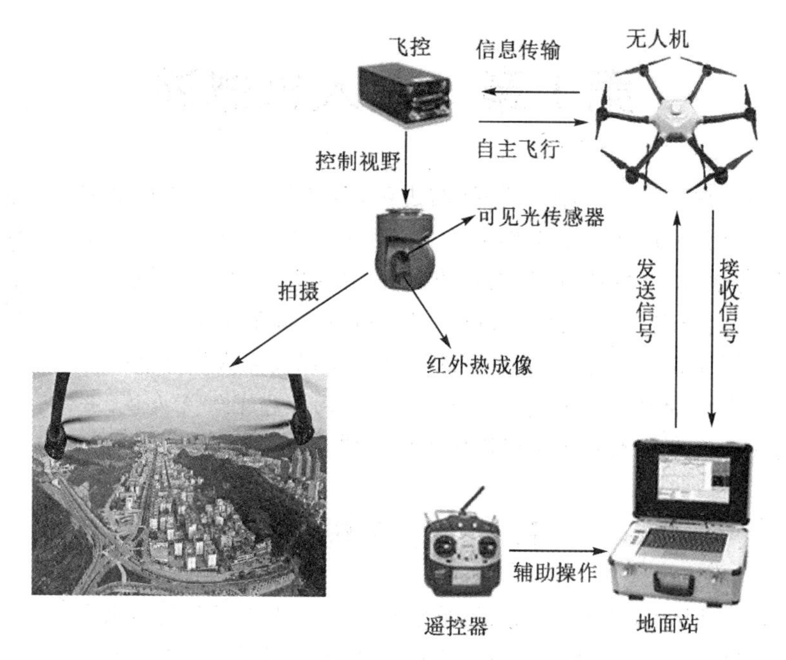

图 1.1.1　无人机系统组成

⑤ 发射/回收装置：一些较大型的无人机需要有发射/回收装置，其能保证无人机既能飞出去，也能收得回来，并且可重复使用。

⑥ 支援设备：包括装载车辆、维护设备、测试设备等。

1.1.3　无人机与其他飞行器的区别

1. 无人机与有人机的区别

无人机与有人机的主要区别如下：

① 飞行器上有无驾驶员。

② 是否有环境控制和生命保障设备：有人飞机上要有氧气、大气压、温度控制等设备，而无人机则不需要。

③ 是否可独立执行任务：有人飞机可独立执行任务，不一定有地面的人员来联络。而无人机上没有人，但无人机系统是有人的，地面必须有人操作。

无人机与有人机相比，在诸多方面有其独特的优势，详情如表 1-1 所列。

表 1-1　无人机相比于有人机的优势

区别点	无人机	有人机
人员伤亡	坠机无机载人员伤亡情况	坠机大概率有人员伤亡
载人限制	不载人，无人数限制及安全措施	需要考虑人数限制以及安全措施
飞机尺寸	体积无限制	同等情况下，体积较无人机要大许多
成本	无驾驶舱及飞行员，成本较低	增加制造成本、飞行员培养成本
机动性	起降要求低、较为灵活	起降要求高，对比小型无人机较为笨重
自控性、可靠性	智能化水平不高，抗干扰能力较差	主要以飞行员操纵，抗干扰能力强

2. 无人机与航模的区别

航模，全名为航空模型，顾名思义是按照航空器外形制作的一种模型飞机，隶属于航空航天模型，是供操纵类飞行运动用的一种不载人的飞行器。

无人机与航模的主要区别如下：

① 航模以娱乐、竞技为主，应用为辅，如图 1.1.2 所示。无人机以应用为主，娱乐竞技为辅，如图 1.1.3 所示。

图 1.1.2　航模娱乐竞技表演

图 1.1.3　航拍作业无人机

② 航模相比于无人机来说没有成熟稳定的自动飞行控制系统，所以航模需要手动控制飞机在视距内飞行，并通过肉眼或电子设备观察飞机来实时调整飞行姿态。而无人机则有较成熟的飞控系统，可在视距外飞行，还可以自动完成飞行任务，是人类在自动控制领域发展的新兴的科技。

航模飞行表演

③ 管控部门不同，航模由国家体委下属航空运动管理中心管理，而民用无人机由民航局统一管理，军用无人机由军方统一管理。

1.2　无人机的发展历程

本节内容以无人驾驶飞机、旋翼无人机为例，分别介绍它们各自的发展历程，使同学们充分了解各类型无人机的发展进程。学生通过本节内容的学习，能够了解无人机从无到有，从有到精的发展过程，知道无人驾驶技术重大突破关键点以及无人机是如何从军事应用向民用转型的。

本节知识应结合世界战争发展史进行学习，充分了解各时期的科技发展水平，以及飞行器在各时期诞生的背景。无人机最早应用在第一次世界大战期间，作为只能执行单次任务的“飞行炸弹”使用。到第二次世界大战后期，不少军事强国将退役的飞机改装成为靶机，开启了近代无人机发展的先河。随着电子技术的进步，无人机在担任侦察任务的角色上突显出其特有的优势，可结合有人驾驶飞机的发展进程以及无人驾驶关键技术的突破点来学习本节知识。

1.2.1　飞行器的发展历程

人类在很早以前就有像鸟儿一样飞向蓝天的愿望。早期，古希腊的阿尔希塔斯制造的机械鸽，澳洲土著发明的飞去来器，还有中国的孔明灯和风筝都是早期人们在“飞天梦想”上的尝试。

在中国古代，也有诸多先行者。如明朝的万户，就进行了一次将47支火箭绑在椅子上，手拿两只风筝飞行的尝试，如图1.2.1所示。虽然最终因火箭发生爆炸，万户献出了宝贵的生命，但他的精神影响着后人，万户也因此被公认为“真正的航天始祖”。为纪念这位航天始祖，科学家将月球上一座环形火山命名为“万户山”。

图1.2.1　万户飞行器

世界著名人物达·芬奇，也曾设计过飞行器。据说，他有一本《鸟类飞行手稿》传世，其中详细记述并分析了鸟类飞行，特别是分析了鸟类如何起飞、爬升、下降、落地并保持身体平衡。当有了对鸟类飞行的研究后，达·芬奇并没有着急制作仿生鸟类飞行器，而是开始对和空气相似的水流进行研究，水流在一些特性上和空气相似。这位天才的实验是这样进行的：首先找一块木板，将其插入水中并观察水是如何流动的，然后通过观察得到木板竖着放的时候，水流无变化，木板横着放的时候，水流会在木板背后激起，随着角度的变化，可获得更大的升力。

正是凭借着敏锐的观察力和善于总结的能力，达·芬奇想到了“阿基米德螺线”，并由此想到了旋翼机的飞行原理而制作了“旋翼机”，由于“旋翼机”自身重量太大，并没有实现升空飞行，达·芬奇的“旋翼机”如图1.2.2所示。

图1.2.2　达·芬奇的“旋翼机”

后来达·芬奇基于对鸟类飞行的研究，制作了一架靠人力驱动的仿生扑翼机，这架扑翼机翼展大于10 m，飞行动力依靠飞行员双脚踩踏产生，用手动摇把辅助加强动力，飞行方向依靠飞行员头部戴着的头套控制，并为其设计了降落伞、起落架等配件，图1.2.3为达·芬奇设计的仿生扑翼机图纸。但最终飞行器未能成功飞行，达·芬奇也未实现飞天的理想。

图 1.2.3　达・芬奇设计仿生扑翼机图纸

现代飞行器的发展,得益于19世纪工业革命带来的科学和技术的巨大飞跃。随着内燃机的发明和广泛应用,在空中飞行也逐渐成为可能。1903年,美国的莱特兄弟率先制造出能够飞行的飞机——"飞行者"1号,实现了飞行的梦想,标志着人类初步掌握了飞行原理。图1.2.4和图1.2.5分别为莱特兄弟和他们的"飞行者"1号。

图 1.2.4　莱特兄弟

图 1.2.5　"飞行者"1号

虽然飞机的发明不如印刷术或蒸汽机那样重要——因为后两者完全改变了人类的生存方式,但由于飞机将人类的发展视野从地面带向了空中,所以此项发明同样具有重要意义。近百年来,飞机使我们生存的地球逐步变为了一个地球村,使人类能够迅速地前往地球的另一端,使人类文明和经济发展得到巨大的提速。此外,莱特兄弟成功地载人飞行,也为人类飞向外太空提供了可能性,间接地奠定了今天航空事业发展的基础。

1.2.2　无人机的发展历程

本小节介绍无人机的发展历程,通过了解无人机的发展历程,使同学们了解无人机的起源、无人机出现的必然性、无人机存在的意义等。

1. 国际无人驾驶飞机的发展历程

无人驾驶飞机发展历程导图如图 1.2.6 所示。下面详细介绍无人驾驶飞机发展历程中的部分典型事件。

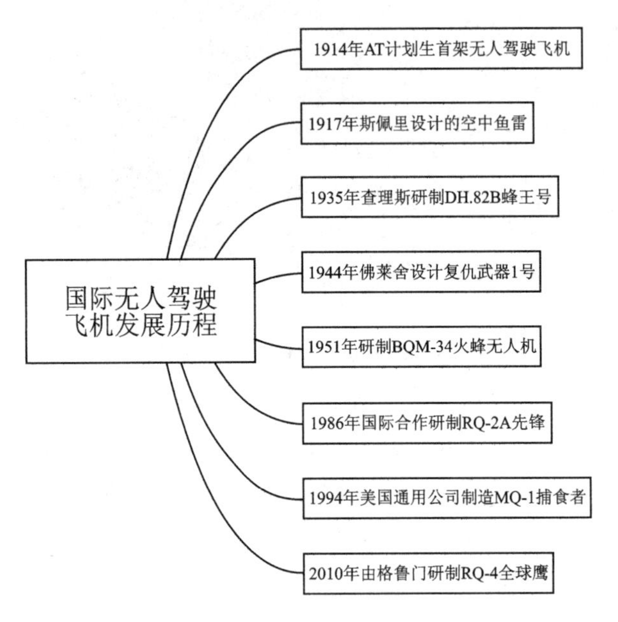

图 1.2.6 无人驾驶飞机发展历程导图

(1) AT 计划中的“喉”式无人机

1914 年,正值第一次世界大战之中的英国,为了更好地执行轰炸任务,卡德尔和皮切尔两位将军提出需要一种无人驾驶的飞机,实现远距离轰炸任务。这种大胆的设想立即得到当时英国军事航空学会理事长戴·亨德森爵士的认可,他指定由 A. M. 洛教授率领一班人马根据设想进行研制无人驾驶的飞机。为了保密,最初的研制被命名为“AT 计划”。经过多次尝试,1917 年 3 月,世界首架无人驾驶飞机在英国皇家飞行训练学校进行试飞,但是飞机在起飞后不久,发动机突然熄火。很快,研究小组又研制了第二架无人驾驶飞机,此次,飞机在无线电的遥控下平稳飞行了一段时间后,发动机又突然熄火,飞机坠落在人群中。虽然两次试验都已失败告终,但研制小组没有灰心,功夫不负有心人,1927 年,由 A. M. 洛教授参与研制的“喉”式单翼无人机在英国海军“堡垒”号军舰上成功地进行了试飞,该机载有 113 kg 炸弹,以 322 km/h 的速度飞行了 480 km。“喉”式无人机如图 1.2.7 所示,“喉”式无人机的问世引起了当时世界的极大轰动。

(2) 斯佩里空中鱼雷号

1917 年,一战即将结束之时,有人驾驶的动力飞机还是个新生事物的时候,皮特·库柏(Peter Cooper)和埃尔默·A·斯佩里(Elmer A. Sperry)发明了自动陀螺稳定器并将其应用在飞机上,使飞机能够自主保持平衡向前飞行。这项成果被美国海军成功应用到 N-9 型教练机上,真正实现了首架无线电操控的无人驾驶飞机。斯佩里空中鱼雷(Sperry Aerial Torpedo)可搭载 136 kg 炸弹飞行 50 mile(约 80.45 km),也被称作“飞行炸弹”,如图 1.2.8 所示。

图 1.2.7 “喉”式无人机

图 1.2.8 空中鱼雷号

(3) BQM－34 火蜂无人机

BQM－34 火蜂无人机是 1951 年美国特里达因·瑞安飞机公司研制的一种装涡轮喷气发动机、可回收并重复使用的无人驾驶靶机。4 年后火蜂原型机 XQ－2 进行首次试飞，该机的主要任务是鉴定各种空对空和地对空的武器系统，训练战斗机驾驶员和防空部队等。BQM－34 火蜂无人机除作为美国陆海空三军的靶机外，它的有些改型还能执行侦察、情报收集、无线电交流的监控活动、飞行试验、携带炸弹或导弹进行对地攻击等任务。主要机型有十多种，典型机型为 Q－2C。到 1986 年 6 月，“火蜂”1 各机型共生产 6411 架，许多国家都使用该机型，火蜂无人机如图 1.2.9 所示。该机用助推火箭在地面或舰艇上用发射架发射，也可用 C－130 运输机带到空中投放，用降落伞回收。

(4) RQ－2A 先锋号(Pioneer)

RQ－2A 先锋号于 1986 年由国际合作借鉴以色列“侦察兵”(Scout)和“猛犬”(Mastiff)的技术经验发展而来，同年 12 月首飞成功，次年 7 月交付美国海军使用。执行了美国海军“侦察、监视并获取目标”等各种任务。这套无人定位系统的花销很小，满足了 20 世纪 80 年代美国在黎巴嫩、格林纳达以及利比亚以低代价开展无人机获取目标的要求，并首次投入实战。先锋号现在仍在服役，其通过火箭助力起飞，起飞重量 189 kg，航速为 174 km/h。飞机能够漂浮在水面，并且通过海面降落进行回收，RQ－2A 先锋号如图 1.2.10 所示。

(5) MQ－1 捕食者(Predator)

MQ－1 捕食者于 1994 年由美国通用原子技术公司(General Atomics)制造。它的前身是

图 1.2.9　火蜂无人机

图 1.2.10　RQ-2A 先锋号

猎食者远程无人机，是作为"高级概念技术验证"从 1994 年 1 月到 1996 年 6 月发展起来的。1994 年成功首飞后，就具备了实战能力，MQ-1 捕食者可以扮演侦察角色，可发射两枚 AGM-114 地狱火飞弹，其为一种遥控飞行器，机长 8.27 m，翼展 14.87 m，最大活动半径为 3 700 km，最大飞行速度为 240 km/h，在目标上留空时间为 24 h，最大续航时间为 60 h。该机装有光电/红外侦察设备、GPS 导航设备和具有全天候侦察能力的合成孔径雷达，在 4 km 高处分辨率为 0.3 m，对目标定位精度为 0.25 m。MQ-1 捕食者可采用软式着陆或降落伞紧急回收，如图 1.2.11 所示。

(6) RQ-4 全球鹰(Global Hawk)

RQ-4 全球鹰是 2010 年由诺斯洛普·格鲁门所生产制造的无人侦察机，主要服役于美国空军与美国海军，该类无人机装配了能够开展情报收集、侦察以及监视等功能的纵合传感器。该飞机在角色上类似 1950 年的洛克希德 U-2 侦察机，具有为后方指挥官提供纵观战场或对局部目标监视的能力。RQ-4 全球鹰装有高分辨率合成孔径雷达，可以看穿云层和风沙；还装有光电红外线模组(EO/IR)，可进行长行、程长时间、全区域动态监视。白天监视区域超过 100 000 km^2，例如要监视像洛杉矶一样大的城市，可以从缅因州遥控起飞，飞到洛杉矶上空拍摄 370 km^2 区域长达 24 h 之久，然后飞回缅因州。2001 年开始研发的全球鹰项目成为航空历史上的重大标杆，这是已知的第一架能够不间断飞越太平洋的无人机，该无人机在 2006 年 7 月获准在美国领空飞行，RQ-4 全球鹰如图 1.2.12 所示。

图1.2.11　MQ-1 捕食者

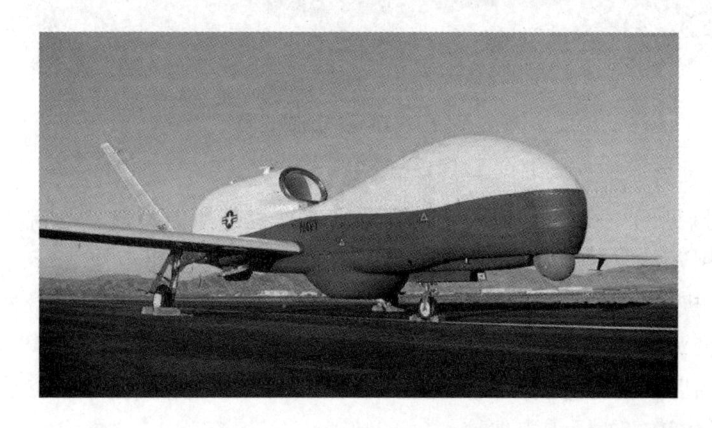

图1.2.12　RQ-4 全球鹰

2. 中国无人驾驶飞机的发展历程

我国无人机的发展源于高校航空模型运动。1958年，西北工业大学在狠抓航模队的同时，发起了研制“无人机”的号召。1958年8月3日，第一架无人机在西安窑村机场试飞成功。据《航空史研究》考证，这是我国第一架试飞成功的脱离了航模规格的无人机，与此同时，北京航空学院（现北京航空航天大学）和南京航空学院（现南京航空航天大学）也开展了无人机相关的研究工作，国家以这三所高等学校为依托建立了专业的无人机设计研究机构，由此展开了我国发展无人机的历史新进程。

(1) “北京”5号

中国最早的无人机是在有人机技术基础上发展而来的，从严格意义上讲，“北京”5号是新中国的第一架无人驾驶飞机，其机体是以运-5运输机为基础研制的，是一种单发双翼低速无人驾驶验证机。

1958年6月29日，北京航空学院（现北京航空航天大学）成立了无人驾驶飞机研究机构，参与无人机研究工作的人员进一步增加，不仅有当时北京航空学院的师生，还有民航局的工作人员、飞行员和无线电技术人员。随后开始进行总体和分系统设计，逐步完善了“北京”5号（见图1.2.13）的起飞、着陆和全盘自动控制方案。自动起飞控制、远距离遥控、下滑状态控制、着陆状态控制、着陆后的滑跑方向控制等一系列问题，都经过了仔细分析和设计，并利用当时所能利用的技术和设备来实现。这是一项十分复杂的工程，在当时技术条件下难度非常大。但是，特殊的时代造就特殊的人才，经过努力，到 1958 年 7 月底所有设计工作全部完成，并先后完成了设备带飞试验、遥控着陆飞行和有人监控情况下的自动飞行试验。

1959 年 1 月在首都机场实现成功首飞，试飞内容有自动起飞、遥控飞行表演、自动对准跑道下滑飞行、进入跑道后自动着陆、在机场跑道上控制滑跑方向及制动等。

图 1.2.13 “北京”5 号

(2) “北京” 4 号

“北京” 4 号(见图 1.2.14)，无人驾驶高空高速靶机是原北京航空学院于 1958 年 7 月开始研制的，主要用于地空导弹或空空导弹打靶训练。为了适应超声速飞行而采用了三角翼鸭式布局，同时，飞机上安装了自动驾驶仪和程控机构、照相记录装置、信号发生器(类似黑匣子)、银锌电池、变流稳压系统、自动脱伞器等，这在当时是非常先进的。从“北京”4 号的研制过程可以看出，当时国家对无人机研制的定位是高空高速型，而原北京航空学院在中国这一领域内的研究水平也确实处于领先地位。

以“伊尔-28”作为母机搭载其飞到空中投放(高度 10 000～11 000 m)，投放后由固体火箭助推加速到 2 马赫数，冲压发动机点火把飞机推进到工作高度和速度，完成任务后用降落伞回收。靶机的工作高度可达 20 000 m，飞行马赫数可为 2～2.5，续航时间可为 3～5 min。

图 1.2.14 “北京” 4 号

(3) 西北工业大学设计军用靶机系列

1959 年，受总参军训部委托，西北工业大学开始研制靶机。为提高解放军高炮部队的对空射击技能，总参谋部决定在无线电遥控航空模型的基础上，部署发展无人飞机靶标系统。西北工业大学派出了以陶考德教授为首的一批精英专家承担项目攻关任务，通过一年多的努力，

1961年完成了该型机的首飞，并于1962年完成设计定型，1963年转由南京解放军802厂(现1101厂)生产，年产量曾达1 000架。

靶-1作为新中国历史上第1型军用靶机，如图1.2.15所示，具有非常重要的意义，而西工大也是以靶-1型无人靶机的研制为契机，在后续的几十年里，随着新技术的应用，将无人驾驶飞机从螺旋桨式低空靶机，如图1.2.16所示，发展到火箭助推式靶机，最后发展为超音速靶机和舰载飞行靶机。西北工业大学从学校传统的航空模型运动发展出各类无人靶机，为新中国的国防建设做出了杰出贡献。

图1.2.15　西工大靶机-1

图1.2.16　西工大靶机-2

(4)"翼龙"无人机

"翼龙"无人机(Wing Loong UAV)是由中航工业成都飞机设计研究所研制的一种中低空、军民两用、长航时多用途无人机。"翼龙"无人机于2005年5月开始研制，2007年10月完成首飞，2008年10月完成了性能/任务载荷飞行试验。

"翼龙"无人机装配有一台100马力活塞发动机，具备全自主平台，该机总有效载荷能力为200 kg，其所配前视红外传感器重约100 kg，所以每个翼下还可各挂重50 kg的弹药。翼龙-1型无人机配有前视红外传感器和武器系统，还配备有合成孔径雷达。

"翼龙"无人机采用正常式气动布局，大展弦比中单翼，V型尾翼。其机身尾部装有一台活塞式发动机，机翼带襟翼和襟副翼，V型尾翼没有方向舵和升降舵，采用前三点式起落架，具有收放和刹车功能，机体结构选用铝合金材料，天线罩采用透波复合材料。"翼龙"无人机机身长9.34 m，翼展为14 m，机高2.7 m，其展弦比较大，因此升力较大、诱导阻力较小，巡航升阻比较大，可以长时间在空中滞留，如图1.2.17所示。

(5)"翔龙"无人机

"翔龙"无人机(Soar Dragon UAV)，是中国中航工业自主研究和设计的一种大型无人机。"翔龙"无人机的量产，标志着中国将成为继美国之后第二个能够使用无人机执行战略侦察行动的国家。除此之外，凭借着"翔龙"具有的巨大侦测能力和对远程目标的实时监视能力，中国将会获得显著的战略和军事优势。

"翔龙"高空高速无人侦察机全机长14.33 m，翼展24.86 m，机高5.413 m，"翔龙"无人机机身的上后部安装有一台喷气发动机，这一布局与"全球鹰"类似。该机的起飞重量约7.5 t。可搭载650 kg的有效载荷，巡航速度最高为750 km/h，最大航程为7 000 km，升限为20 km，具备对整个太平洋沿岸实施侦察的能力，"翔龙"无人机如图1.2.18所示。

(6)"彩虹"系列无人机

中国航天空气动力技术研究院依托空气动力学和飞行力学方面的技术优势，于2000年进军无人机这一新型飞行器领域，并研制了以"彩虹"为名的多种类型无人机。尺寸依次从小到

图 1.2.17 翼龙无人机

图 1.2.18 翔龙无人机

大，起飞重量从轻到重。应用方面为各种形式的侦察、监视、攻击等，已经形成了一条完备的无人机军事应用体系。

彩虹-3A 无人机采用侦察攻击一体化系统，适用于侦察和对地面固定和移动目标进行精确打击，可挂载光电侦察载荷和 2 枚空地导弹，攻击精度小于 1.5 m，也可挂装 GPS 精确制导炸弹对地攻击。该系统由 1 个地面控制站和 3 架无人机及相关载荷、武器构成。彩虹-3A 根据空气动力基础理论的研究成果，突破了鸭翼短、机身融合体设计技术，解决了彩虹-3A 提高隐身特性和超低空飞行的难题；彩虹-3A 大量使用复合材料，实现了结构轻质化；同时高度融合多种信息，突破了侦察打击一体化关键技术，彩虹-3A 无人机如图 1.2.19 所示。

彩虹-4 无人机采用中空长航时侦察打击一体化系统，可对地面和海上目标进行侦察和打击，系统可挂载 4 枚空地导弹，攻击精度小于 1.5 m。彩虹-4 系统由 1 个地面站和 3 架无人

图 1.2.19　彩虹-3A 无人机

机及相关载荷、武器构成。彩虹-4 的设计目标同彩虹-3A 强调超低空突防和隐身这一突击功能不同,它强调长时间滞空压制和更高的打击功效,因此设计的核心思想是高升阻比气动布局。同时彩虹-4 使用了更高比例的复合材料,进一步降低了结构重量所占比例,新技术的使用实现了长航时高载重的技术要求,也使彩虹-4 处于国际先进水平,彩虹-4 无人机如图 1.2.20 所示。

图 1.2.20　彩虹-4 无人机

(7) “天鹰”无人机

“天鹰”无人机是由北京航空航天大学研制的一种大型多功能中高空长航时无人机,在设计上采用了国内现有的模块化、冗余的设计技术,使其具有高安全性和高自主化等特点。续航时间超过 40 h,可以通过快速更换不同的任务设备来适应不同的任务场景,其擅长在陆地和海洋环境下进行长时间远距离的侦查作业,“天鹰”无人机如图 1.1.21 所示。

(8) 大型物流无人机

物流行业将大型无人机作为快递的运输工具,是未来物流行业不可阻挡的重要趋势。大型物流无人机(见图 1.2.22),是以我国第一款全自主制造的运输机运-5B 为基础平台进行研制的。大型物流无人机的出现,解决了我国国土广袤、地势复杂导致物流运输困难的问题。大型物流无人机具有较大的航程和货载量,可有效满足位置偏远、地形复杂地区的物流运输需求。未来,固定翼无人机还可应用于复杂条件下应急救灾物资运输、军民融合远程物资投送等众多领域。

图 1.2.21 “天鹰”无人机

图 1.2.22 大型物流无人机

1.2.3 旋翼飞行器的发展历程

早期飞行器的尝试

本小节介绍旋翼无人机发展历程，学生可通过学习旋翼飞行器的发展历程，知道无人旋翼飞机也是从有人旋翼机发展来的。旋翼飞行器发展历程导图如图 1.2.23 所示，下面详细介绍旋翼飞行器发展历程中的几个技术创新事件。

1. 早期旋翼飞行器

1907 年，在法国 C · Richet 教授的指导下，Breguet 兄弟进行了旋翼垂直起降飞机的研制，这是有关旋翼飞机的最早记载，这台多旋翼飞机在试飞中虽然飞行离地只有 1.5 m，只坚持了几秒钟的时间，但这标志着世界上首次旋翼飞机的成功尝试，早期旋翼无人机如图 1.2.24 所示。

同样，1907 年在法国，发明家保罗 · 科尔尼进行首架旋翼直升机的载人飞行实验。这次载人飞行尝试将保罗 · 科尔尼带到离地 30 cm 的地方悬停了 20 s，这标志着旋翼直升机首次载人飞行的成功。后来研究证明，保罗 · 科尔尼设计的这款直升机由于缺少操控飞行的装置，没有达到可控制飞行的实用要求，早期旋翼直升机如图 1.2.25 所示。

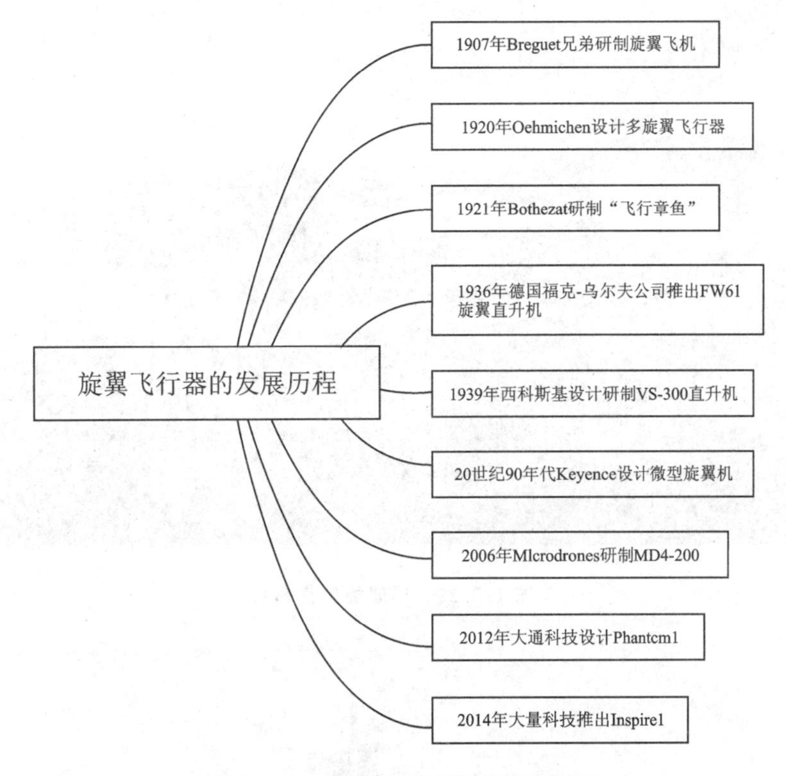

图 1.2.23　旋翼飞行器发展历程导图

图 1.2.24　早期旋翼无人机

2. 多旋翼飞行器

1920 年法国工程师 Étienne Oehmichen 开始设计一台多旋翼飞行器，很快第一台原型机研制出来，并进行了试飞但没能成功。不过很快经过重新设计后，这台旋翼飞机实现了 14 min 的制空飞行时间，保持着在当时旋翼飞机的最长飞行时间的记录，多旋翼飞行器如图 1.2.26 所示。

图 1.2.25 早期旋翼直升机

图 1.2.26 多旋翼飞行器

3. “飞行章鱼”

1921 年，俄裔美国人 George de Bothezat 受美国空军委托，在美国俄亥俄州西南部的空军基地设计建造了一架大型四旋翼飞行器，这架飞机设计可搭载 3 名乘客。这架被称为“飞行章鱼”的多旋翼飞行器成功首飞，并进行了一系列飞行测试，但是由于发动机性能达不到预定要求，原本设计飞行高度为 100 m 的飞行器实际测试高度只有 5 m，最终美国空军放弃了多旋翼飞行器的想法，“飞行章鱼”如图 1.2.27 所示

4. FW61 直升机

1936 年，德国福克—乌尔夫公司推出了 FW61 直升机，如图 1.2.28 所示。这是一款由教练机改装而成的，保留原有的机舱，将原有的机翼换成两个由三脚架支撑的三叶式旋翼，后三

点起落架和垂直尾翼基本保留。这款飞机的两个主旋翼由位于机头前端的发动机通过复杂的传动装置来带动,通过改变两具旋翼的前后倾斜角度来改变飞行器的俯仰角,通过改变两具旋翼的角度对比,来控制飞行器的飞行方向。至此,这款旋翼直升机便有了可操控的性能。

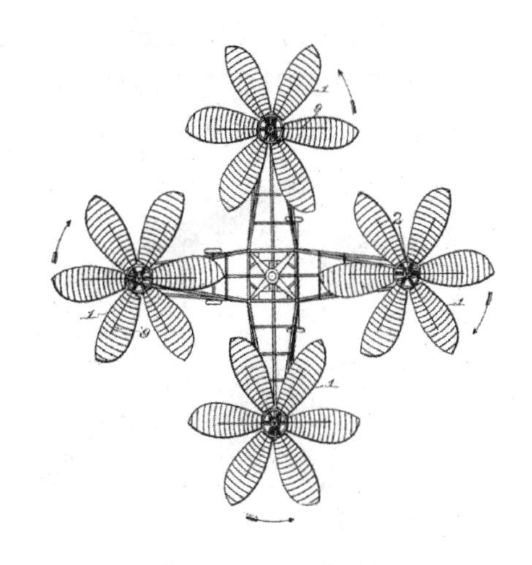

图 1.2.27　飞行章鱼

5. VS－300 实用型直升机

1939 年,西科斯基设计研制了世界首款 VS－300 实用型直升机,VS－300 采用流线型的机舱、以内燃式活塞发动机为主动力系统,并采用单个特大旋翼配有小尾桨的设计,尾桨的设计是西科斯基在 VS－300 机型上的首创。操纵系统采用的周期变距操纵、总距操纵、可控尾桨等方式都在 VS－300 上进行了首次尝试,并且印证了这些创新的可行性。这款直升机的问世奠定了近现代直升机发展的基本框架,这款布局为日后直升机的发展奠定了重要的基础,VS－300 实用型直升机如图 1.2.29 所示。

图 1.2.28　FW61 直升机

图 1.2.29　VS－300 实用型直升机

6. 民用多旋翼无人机

旋翼飞行器经历了一段很长的停滞期,直到 20 世纪末微型计算机技术的应用,使得重量非常轻的惯性导航系统开发运用,才使得多旋翼飞行器的自动控制器成为现实。由于旋翼飞机的概念没有被军方所重视,使得旋翼飞机走向民用领域,并在消费市场上取得巨大成功,多旋翼飞行器如图 1.2.30 所示。

20 世纪 90 年代初期,Keyence Gyro Saucer II E－570 在日本研制成功,它的出现标志着旋翼飞机进入了无人驾驶的时代,也是后面被人们广泛称为的无人机时代。这款微型四旋翼飞行器装有两个陀螺仪,分别用来感知姿态和方向,机身和螺旋桨使用聚丙烯泡沫材料制作,充满电池后续航时间为 3 min。

2006 年,德国的 Microdrones Gmb H 公司研制出了 MD4－200 多旋翼,将电动旋翼机推向了市场,这款十字结构的电动旋翼机,标志着微小型旋翼飞行器正式进入民用专业领域。随后,2010 年推出的 MD4-1000 多旋翼在全球无人机市场上取得成功,MD4-200 多旋翼如图 1.2.31 所示。

图 1.2.30 多旋翼飞行器

图 1.2.31 MD4-200 多旋翼

2012 年,大疆科技推出了世界上第一款消费级航空拍摄无人机——Phantom 1,高度集成化的电子元件,稳定的飞行控制系统,合理的气动外形,很快在市场上得到了消费者的认可,并且在航拍飞行领域掀起一阵风暴,引爆了整个无人机领域民用消费的需求,大疆科技从此走向航拍无人机领域的巅峰,Phantom1 如图 1.2.32 所示。

2014 年 11 月,大疆科技发布重量级产品——Inspire 1 无人机,首次将远距离 OFDM 高清数字图传、一体式 4K 云台相机、可独立云台控制应用在一体式消费级无人机上,这款产品在影视航拍市场上获得了巨大的成功,Inspire 1 无人机如图 1.2.33 所示。

图 1.2.32 Phantom 1 无人机

图 1.2.33 Inspire 1 无人机

1.3 无人机现状及发展趋势

1.3.1 无人机现状

截至 2017 年,全球已经有包括美国、以色列、加拿大、德国、英国、法国、俄罗斯等在内的 49 个国家研发无人机,无人机团队数量持续上升,更多的国家开始装备无人机。另外,近几年用于商业和个人的无人机需求量也不断上涨,无人机整体市场迅速发展。无人机在军事上可用于侦查、作战、物资运输等,在民用领域中可用于航拍、农业植保、电力巡航等。

自 2015 年,我国无人机在各个领域开始了大规模的拓展。随着无人机技术的逐步成熟,民用无人机在日常生活中已经得到了广泛的应用,近年来市场需求已经超过了军用无人机。尤其消费级无人机占据了民用无人机市场的最大份额。因为消费级无人机技术门槛低,一套开源飞控就可以支持飞行器的起飞和降落,入门级的消费级无人机被大家所青睐。

随着无人机技术的不断进步、国家政策的支持以及大范围的应用需求,无人机的市场价值将继续保持高速增长态势。

1.3.2　无人机发展趋势

1. 行业应用更加专业

无人机的价值在于搭载不同的载荷,完成规定的任务。随着对无人机应用价值认知程度的加深,无人机技术必将颠覆众多行业的传统作业方式。通过实施"无人机+"计划,使无人机与传统职业跨界融合,如无人机应急救援、无人机公共安全、无人机环境保护、无人机石油巡线等垂直应用,将开拓全新的无人机产业民用发展新局面。

2. 消费产品人性化

消费级无人机将抓住市场及消费者需求,通过准确定位、产品技术升级等,设计出迷你型、个性化、便携式的无人机,让消费者得到意外的使用体验,从而使得行业规模得到更好地拓展。

3. 产业体系更完善

随着无人机市场的逐渐兴盛,无人机产业将不仅仅局限在设计、研发、制造等领域,也会延伸到无人机服务、保障、培训等领域,将逐步形成一条新的产业链,使上下游的企业互相促进、协作创新,从而形成跨产业、跨领域的产业形态,构建制造业与服务业一体化的新型产业体系。

4. 研发更加智能化

随着人工智能技术的不断完善,无人机将集成先进的机器人技术和算法技术、丰富的传感器和任务设备,可以智能化地完成各种复杂的任务。智能无人机与VR技术、大数据、云计算、互联网相结合,未来可成为具备智能视觉、深度学习的"空中智能机器人"。

消防无人机应用展示

5. 安全监管更加规范

在无人机法律法规领域,要不断建立更加完善的标准规范和法规体系。政府相关部门应建立统一高效的多部门联动协调监管机制,协同制订无人机产业发展顶层规划,并通过立法明确民用无人机的法律属性等,使无人机使用、飞行、管理等都有法可依。

1.4　无人机专业学习指导

本节旨在使学生了解无人机应用技术专业,同时对无人机专业学什么、如何学、怎么学给出了建设性的指导意见。无人机作为高新技术集成的产物,其涉及的技术领域十分广泛。作为无人机初学者,应掌握无人机应用技术专业学习内容、技能要求、发展方向、知识获取路径等相关知识。

1.4.1 无人机专业介绍

无人机应用技术，专科专业，学制三年，专业代码为560610。

本专业旨在培养掌握无人机原理及装配、无人机检修，无人机驾驶操控、无人机数据处理等方面的相关知识和实践技能的人才。

无人机专业的核心课程主要有：飞行原理、动力技术、组装与调试、控制技术、无人机操控、无人机机载设备应用及行业应用等。

无人机专业课程设置(参考版)

无人机专业涉及的行业证书有：视距内民用无人机驾驶员执照、视距外民用无人机驾驶员执照、民用无人机教员执照、民用无人机垂直起降执照等。

通过三年的学习，学生应具备独立开展整个无人机操控和数据处理任务的能力，可在国土测绘与调查、无人机遥感数据采集与处理、环境监测、电力巡查、农业植保、影像航拍、摄影测量等无人机应用领域从事应用及管理等方面的工作。

1.4.2 无人机专业学习路径

无人机应用技术是一门综合学科，涉及的知识面很广，也是应用性极强的专业。针对无人机专业的学习，给予以下几点建议：

1. 扎实的理论基础

无人机专业的理论学习，既能让大家快速地了解无人机相关领域知识，也能为实际工作应用提供有力的依据和保障。无人机专业的理论课程主要有“无人机应用技术导论”“无人机飞行原理与环境”“无人机动力与导航技术”“无人机专业英语”“无人机自动控制与智能开发技术”“无人机组装与调试”等。其中无人机应用技术导论会带领大家进入无人机的世界，了解无人机的发展史、分类、应用、材料、工艺等各方面知识。而“无人机组装与调试”“无人机动力与导航技术”“无人机自动控制与智能开发技术”等理论课程，是无人机操纵、组装、维修、保养、设计等工作的理论基础与实操训练课程。

同时扎实的理论基础也能拓展大家总结无人机一般工作规律与工作特性的能力，训练大家洞察无人机不同知识领域间联系的能力，最终实现不同工作岗位之间的迁移。

2. 过硬的实操技能

就无人机职业岗位群而言，无人机更多是作为生产力工具出现。因此会装、会调、会飞、会修、会设计是无人机专业学生的必备技能，也是从事无人机飞行作业的准入门槛。

如无人机飞手，必须具备娴熟的飞行操纵技能，才可能完成无人机航拍、测绘、农药喷洒等项目；无人机教员，必须掌握无人机基本结构、组装步骤、飞控调参、考证内容及流程等，才能统筹安排教学现场、空域规划、维护和控制、现场调度等工作；无人机销售总监，只有在具备丰富的飞行经验，熟悉飞机结构与性能的前提下，才能更好地对无人机产品进行推广销售及维护客户关系；无人机技术工程师，只有具备无人机的操控经验，才能根据公司要求进行无人机研发、组装、调试、维修等。

总之，具有过硬的实操技能及飞行执照是从事无人机相关工作的基础和前提。

3. 丰富的实战经验

在诸多行业应用中，无人机主要是作为工具参与项目，如植保、航拍、测绘、影视制作等。

而能够参与到无人机项目的开发、跟踪、实施、反馈以及总结等工作，必将对无人机专业学习起到极大的促进作用。

项目实战是无人机专业化培训的过程，也是无人机工作人员提升能力素质的重要途径。如无人机植保作业项目，操控人员不仅要有过硬的飞行技术和丰富的飞行经验，还要掌握与农药相关的农业知识，这样才能有效地进行飞防作业。在项目实施过程中，不仅能够培养飞行人员无人机相关理论与技术，同时也能学习植保项目的实施流程、内容、注意事项等知识，更能培养从业者快速分析与完成工作任务的能力。

总之，无人机的学习是循序渐进的过程，要立足于理论实践一体化，做到双证融通，追求应用拓展，这样才能真正成为新型高端技能人才。

知识点总结

本章主要介绍了无人机与无人机系统的概念、无人机与其他航空器的区别和特点、无人机历史进程以及无人机专业的学习指导，通过本章的学习，带领学生初步认识了无人机。本章知识点思维导图如图 1 所示。

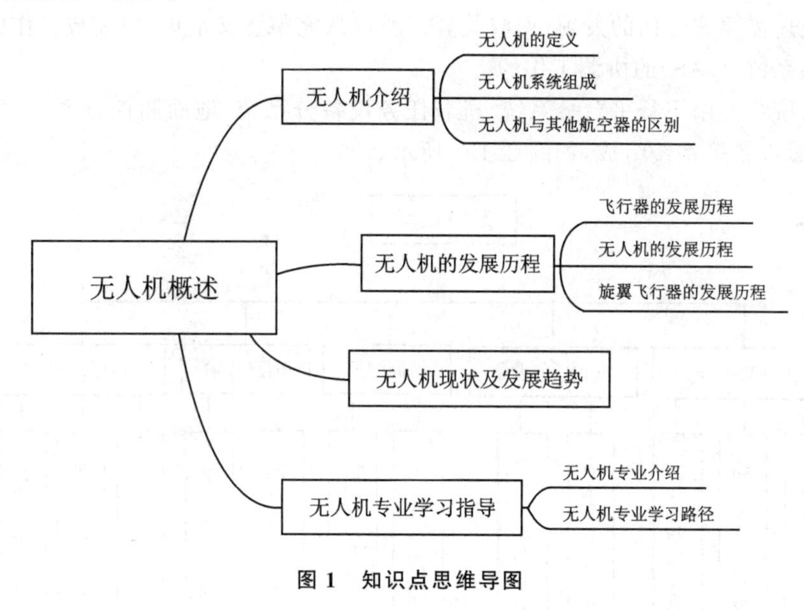

图 1　知识点思维导图

思考题

1. 简述无人机及无人系统的概念。
2. 无人机系统由哪些部分组成，各部分的作用是什么？
3. 无人机与有人机、航模、导弹的区别是什么？
4. 简述无人机产生的历史背景。
5. 搜集几款目前常用的民用多旋翼无人机机型并对比说明各自的优势。
6. 作为一名无人机专业的学生，思考如何学好无人机？

第2章　无人机飞行平台

本章首先从无人机硬件外观结构入手，带领学生踏进无人机的世界。通过对固定翼无人机、无人直升机、多旋翼无人机等主流飞行平台的介绍，使学生了解各类无人机的具体结构组成、功能、特点及应用场景等，也为后续的无人机组装与调试、无人机操控飞行等核心课程奠定理论基础。

2.1　飞行平台简介

本节内容，旨在使学生掌握无人机系统的组成，重点介绍航空器机体平台。后续也将就固定翼无人机、无人直升机、多旋翼无人机等机体平台展开探讨。

通过第1章的学习，可知无人机要完成工作任务，除需要飞机及其携带的任务设备外，还需要有地面控制设备、数据通信设备、维护设备，以及指挥控制和必要的操作、维修人员等，较大型的无人机还需要有专门的发射/回收装置。所以从完整意义上说，要完成工作任务是要依靠整个无人机系统(UAS)的协调工作的。

无人机系统主要由飞行平台分系统、机载任务设备分系统、地面测控分系统、信息传输分系统、地面保障设备等系统组成，如图2.1.1所示。

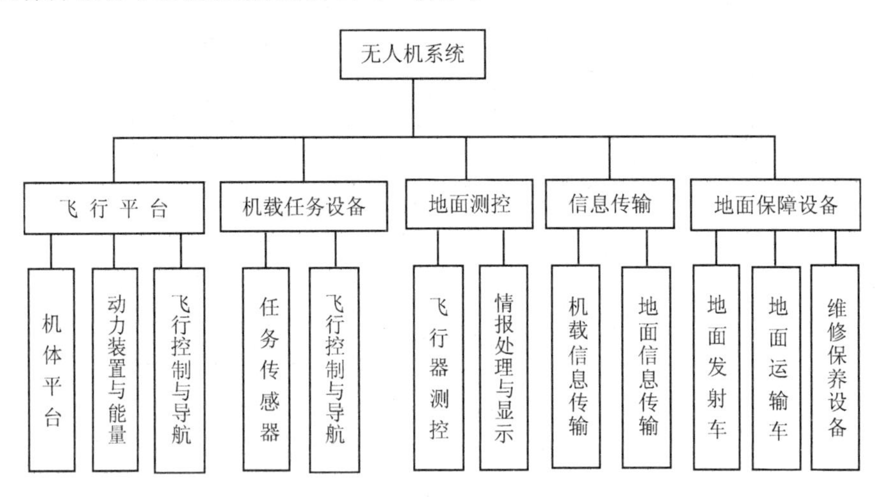

图2.1.1　无人机系统组成

其中，无人机飞行平台是无人机系统重要的组成部分，它是整个无人机系统任务完成性能的关键。无人机飞行平台不仅产生升力、提供动力、承载设备等，而且还配合其他分系统实现飞行控制与导航，最终完成工作任务。同时，无人机飞行平台的气动布局、结构、翼型、操控性等也会影响无人机的飞行性能。

一般而言，无人机飞行平台包括机身、机翼、尾翼、起落装置、飞行控制系统、动力系统等。对特殊结构的无人机，有的可选，有的融合。如：常见的隐形战斗机，属于翼身融合飞机，即机翼机身没有界限；三角翼飞机，没有水平尾翼。

按照无人机飞行平台构型分，无人机主要有固定翼无人机、无人直升机、多旋翼无人机三大平台，其他小种类无人机飞行平台还包括扑翼无人机、伞翼无人机和飞艇等。当然，无人机还有其他分类标准。

无人机其他分类方法

本章将就上述几种无人机逐一展开讨论，以便读者对无人机机体平台形成全面的认知。而在学习本章内容时，可参照有人飞机进行类比学习。因为从无人机发展史来看，无人机源自于有人机，因此，无人机在很多原理、技术方面与有人飞机十分相似，特别是无人机飞行平台。从某种程度上说，无人机的总体布局、机体结构、动力配置、材料等方面都是基于有人飞机的一种简化和修改。

2.2　固定翼无人机

本节内容，为了引导学生认识并了解固定翼无人机，将固定翼无人机定义及受力分析、飞行平台组成及作用、特点、应用等展开探讨。在学习本节内容时，可结合载人固定翼飞机进行类比学习。

2.2.1　固定翼无人机定义及受力分析

1. 定　义

固定翼飞机，是指由动力装置产生前进的推力或拉力，由机身的固定机翼产生升力，在大气层内飞行的重于空气的航空器。固定翼无人机是一种能遥控飞行或自主控制飞行的固定翼航空器。部分固定翼无人机，机翼后掠角可随速度自动调整或手动调整。如图 2.2.1、图 2.2.2 所示。

图 2.2.1　固定翼无人机

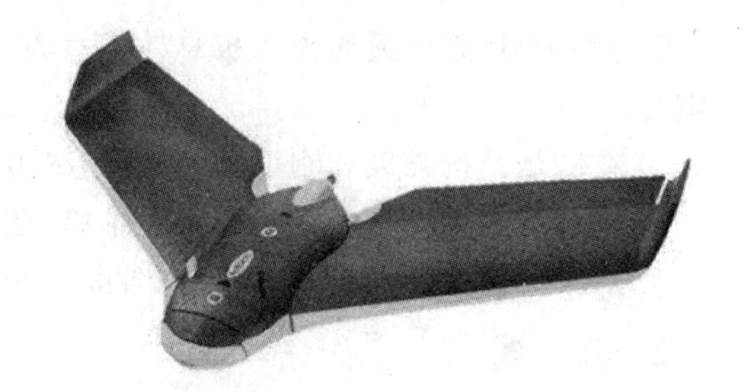

图 2.2.2　三角翼无人机

2. 受力分析

固定翼无人机是军用和多数民用无人机的主流平台，飞行速度较快。其主要依靠推进系统（前拉式螺旋桨或后推式螺旋桨）产生前进的动力，从而使飞机快速前行。当飞机获得前进的速度后，气流作用在机翼上会产生上升的升力（伯努利定律），当升力大于机身重力时，飞机将进入上升飞行状态。飞行姿态的改变是通过机翼或尾翼上的活动舵面来实现的，这些活动的舵面因改变了机翼的外形、控制升力和阻力的大小及分布，最终改变了飞机的飞行姿态。

2.2.2　固定翼无人机飞行平台

固定翼无人机飞行平台主要包括飞行器机体、动力装置与能源、飞行控制与导航等部分，下面重点介绍飞行器机体平台。

固定翼无人机机体平台一般包括机身、机翼、起落装置、机载设备等部分，如图 2.2.3 所示。

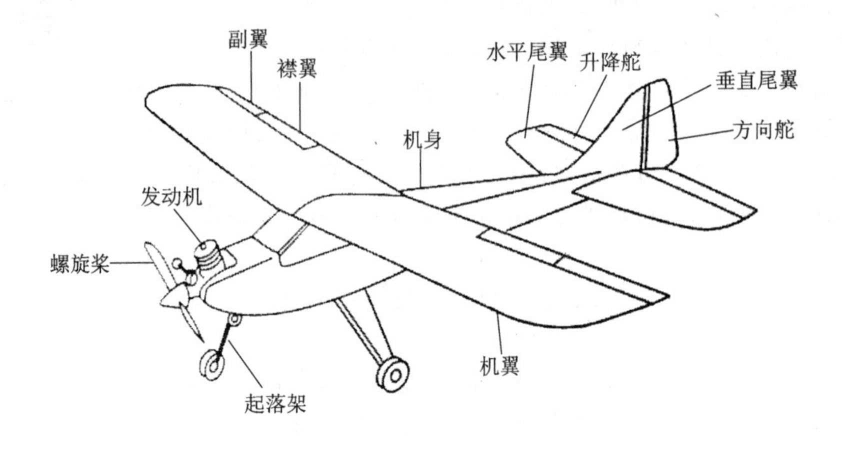

图 2.2.3　无人机机体平台组成

1. 机　身

(1) 机身的主要作用

一是连接机翼和尾翼，二是承载任务设备、燃油/电池、通信设备、起落架等。

(2) 机身的设计要求

机身将各部分有机地联系在一起，通过自身结构来承担自身重力及其他部件的载荷、飞行中的气动过载以及传递力矩。机身的设计需满足以下要求：

① 机身外形必须遵循无人机总体设计方案中确定的曲面外形，尽量光滑呈流线型，以减小阻力。

② 在满足结构强度和刚度的前提下，尽可能提供有效的内部空间。

③ 安装在机身内部的设备要便于维修、调换、改进改型等。

④ 对于分段设计的机身，要考虑各断面的结合和强度要求。

2. 机　翼

(1) 机翼的主要作用

机翼是固定翼无人机产生升力以及姿态控制的主要部件，一般是左右对称，在机翼后缘有可操纵的活动面(舵面)。一般靠外侧的叫副翼，主要功能是产生机身轴向上的偏转力矩，让飞机绕机身纵轴滚；靠内侧的是襟翼，襟翼是作为飞机机翼上的一个升力辅助舵面而存在的，主要是通过偏转为机翼提供持续的升力补偿。

另外大型无人机机翼还起承载的作用，内部通常安装有油箱，军机机翼下面还可挂载副油箱、武器等附属设备，有些无人机的发动机和起落架也被安装在机翼下方。

(2) 机翼的设计要求

① 满足应用的要求，机翼表面尽量光滑呈流线型，减小阻力提高升力。

② 保证机翼完整安全的前提下，尽量减轻结构重量。

③ 合理运用内部空间，保证无人机飞行性能。

④ 应具有良好的操控性。

(3) 常见机翼布局

机翼外在形式多种多样，但总的来看，机翼外形主要有3大类：平直机翼（包括矩形翼、梯形翼和椭圆机翼）、后掠翼、三角翼，如图2.2.4所示。平直机翼适用于低速无人机，三角翼和后掠翼适用于高速无人机。

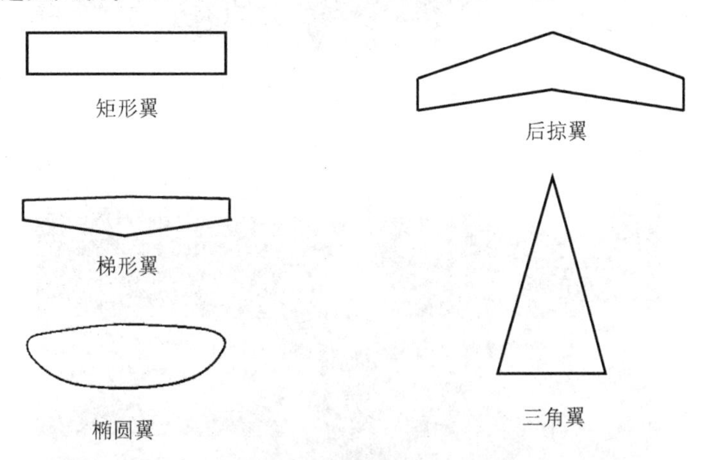

图2.2.4　机翼布局形式种类

机翼布局很大程度上由无人机飞行性能特性来决定。大多数固定翼无人机采用平直机翼，包括矩形翼和梯形翼，其中梯形翼采用的最多，而椭圆翼虽性能优良但由于加工难度较大，反而少见。

另外根据机翼与机身相对位置不同，机翼布局还有另一种分类方式：

① 上单翼布局：如图2.2.5所示，此类布局的机翼在机身轴线以上，可以达到最大的自然滚转稳定性，具有较强的自动恢复横侧向飞行姿态稳定性的能力。

图2.2.5　上单翼布局

② 中单翼布局：如图2.2.6所示，此类布局的机翼比较接近机身轴线，其稳定性和操纵性都比较均衡。

③ 下单翼布局：如图2.2.7所示，此类布局的机翼在机身轴线以下，其起降性能较好，起落架可收于机翼中，具有较强的结构稳定性，但横侧向稳定性在3种布局中最差。

3. 尾　翼

(1) 尾翼的主要作用

主要是用来配平、稳定和操纵固定翼无人机飞行的部件，结构如图2.2.8所示。

图 2.2.6　中单翼布局

图 2.2.7　下单翼布局

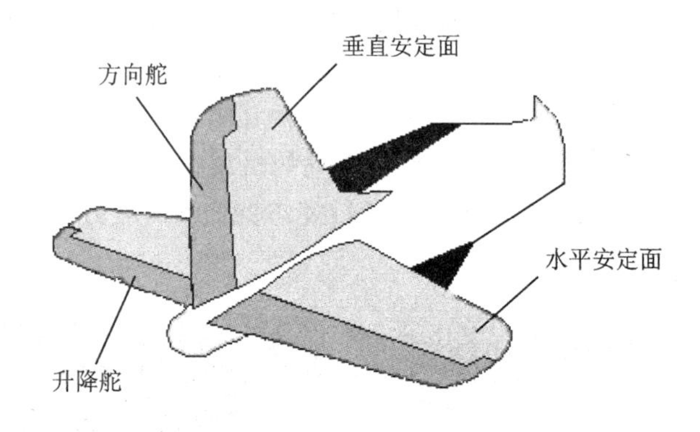

图 2.2.8　尾翼结构组成

(2) 尾翼的结构组成及作用

尾翼通常包括垂直尾翼(垂尾)和水平尾翼(平尾)两部分。垂直尾翼由固定的垂直安定面和活动的方向舵组成,水平尾翼由固定的水平安定面和可以活动的升降舵组成。安定面主要用来提供稳定性的,而方向舵和升降舵则提供操作性。其中,方向舵的主要功能是提供飞机纵轴的转向力矩,使飞机绕纵轴左右偏转,达到转弯的目的。升降舵的主要功能是提供飞机横轴的转向力矩,使飞机绕横轴上下俯仰偏转,达到升降的目的。当然固定翼无人机的偏航通常是靠滚转和俯仰组合动作来完成的。

(3) 尾翼的常见形状

固定翼无人机尾翼的种类较多,如图 2.2.9 所示。

① 常规型尾翼:能够提供足够的稳定性和操作性,有人航空飞机大多数采用这种形式的尾翼,但在固定翼无人机领域,这种布局反而不多见。

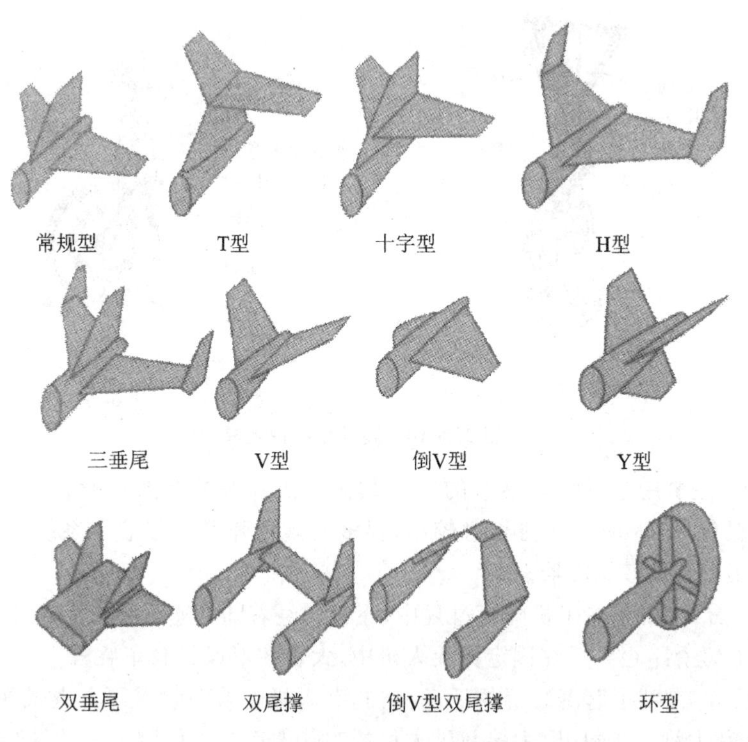

图 2.2.9　固定翼无人机不同的尾翼形式

② T 型尾翼：比较常见，因平尾高置，可以有效避免气流干扰，提高平尾操纵效率，方便装载货物。

③ 十字型尾翼：介于常规型和 T 型尾翼之间，是一种改良设计，吸收了两者的优点。

无人机常见布局

④ V 型尾翼：属于一种混合型尾翼，将传统的两个平尾和垂尾简化成了两个倾斜的尾翼，这样有效减少了浸湿面积，同时减小了阻力和结构重量。这种布局，在无人机领域应用较多。

⑤ Y 型尾翼：和 V 型尾翼类似，只是多了一个垂直尾翼，在无人机领域应用也极其广泛。

4. 起落装置

(1) 起落装置的主要作用

起落装置是用来支撑飞机停放、滑行、起飞和着陆滑跑的部件，起落架在飞机停放时支撑整机重量，在飞机起降滑跑时吸收接地冲击能量。但起落架却是颇为尴尬的部件，因为在整个飞机飞行过程中，起落架完全是一种负担。

(2) 起落装置的组成部件

起落装置一般由支柱、缓冲器、刹车装置、机轮和收放机构等部件组成，起落架结构组成如图 2.2.10 所示。

① 支柱：是整个起落装置的受力系统，在轻小型无人机中，大多采用碳纤维材料。

② 机轮：大多数采用空心充气胎，特殊情况下也可以使用实心胎。

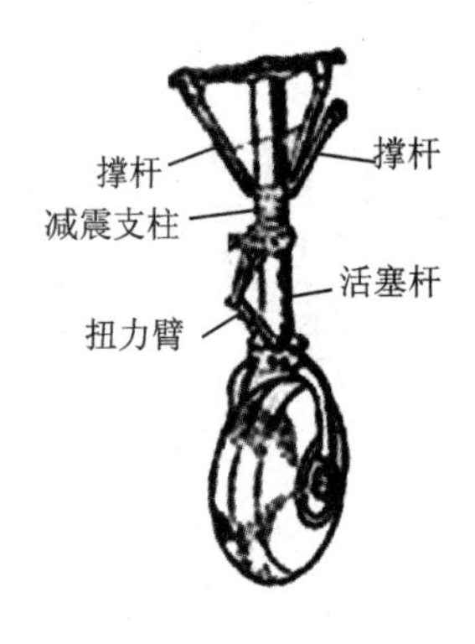

(a) 支柱式起落架

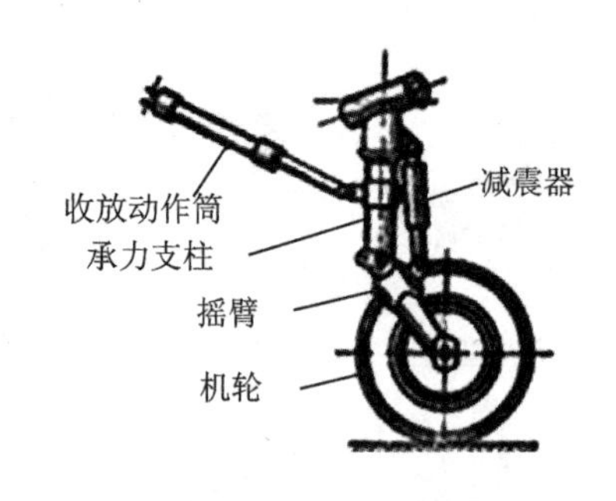

(b) 摇臂式起落架

图 2.2.10 起落架结构组成

③ 减震器：主要用来吸收降落时的冲击载荷。在有人机上面一般以液压形式减震器为主，而在无人机领域，因冲击载荷相对较小，很多时候用弹簧代替液压系统，还有的用碳纤维杆/板的弹性变形来代替减震器。

④ 刹车装置：主要是在飞机降落过程中，飞机已经着陆且速度降低到一定值后，控制机轮轮毂转速，以缩短滑跑距离。在固定翼无人机中，大多数不设置刹车装置。

⑤ 收放装置：是整个起落装置的活动机构，有人机上普遍设置了起落装置。但在无人机领域除了极少数大型无人机外，大多数无人机的起落架都是采用固定式的，即起落架不收放。

(3) 起落架的设计要求

强度高，重量轻，缓冲性能好，可靠性高，占用空间小。

(4) 起落架的种类

在固定翼无人机领域，就机轮形式来划分，主要有轮式、滑橇式、雪橇式、浮筒式和船身式等构型。

① 轮式起落架：应用最为广泛，各类航空器均可采用，按布置方式分为前三点式（见图 2.2.11）和后三点式起落架（见图 2.2.12）两种。

图 2.2.11 前三点式起落架

前三点式起落架是最为常见的起落架布局方式。主起落架在后（固定），前起落架在前，可以自由旋转。其主要优点是着陆简单，安全可靠，无倒立危险，因而允许强烈制动。

后三点式起落架，前置两个主起落架靠近重心，承担大部分载荷；尾部设置一个小巧的后起落架（带转向）。前后一高一低，一是防止螺旋桨触地，二是可以让机翼保持一个较高的迎角，有利于缩短起飞距离。其主要优点是容易安装，结构简单。

② 浮筒式起落架：主要应用于水上起降的飞行器，固定翼无人机或者旋翼类的直升机都采用浮筒式起落架，如图 2.2.13 所示

浮筒式起落架通常上半部分设计成流线型以降低风阻，而下半部分则采用船舶设计技术，

图 2.2.12　后三点式起落架

图 2.2.13　浮筒式起落架

设计成船型，以降低水的波阻。水面起降时因冲击载荷比陆地飞机小得多，所以浮筒式起落架的结构强度要求不高，通常采用简单的支架式支撑机构。同时，飞机在水面降落后，还需要上岸，因此浮筒往往有小的滑轮。

③ 滑橇式起落架：主要应用于伞降回收的无人机领域，在直升机中应用也较多，如图 2.2.14 所示。降落时因受降落伞面积和机体重量的制约，当无人机接地的瞬间，起落架要承受数倍于机体重量的冲击载荷，因此滑橇式起落架往往采用最为坚固的钢制材料，并且在垂直方向配置减压减震器，以进一步吸收冲击载荷。因滑橇式起落架自身重量对于重型无人机往往无法使用，一般应用于 100～500 kg 的无人机。

2.2.3　固定翼无人机的特点及应用

固定翼无人机的特点如下：

优点：续航时间长、速度快、滞空时间久、任务载荷大、飞行稳定。

缺点：速度较快、需要跑道、起降场地受限，灵活性较差、不能垂直起降。

固定翼无人机在军事及民用领域都得到了广泛的应用，下面介绍几个无人机的应用实例。

图 2.2.14 滑橇式起落架

1. 灾害监测

近年来,空难、海难、地震、城市灾难等时有发生,因此对快速地救援和监测灾情提出了更高的要求,无人机正好成了快速的响应手段。无人机已经成为各种地质灾害的监测主流工具,如山体滑坡、堰塞湖监测、长江流域监测、泥石流监测等工作,无人机也可以完成灾区受灾面积的计算、山体崩塌的土石方量计算、灾区损毁房屋情况以及灾区三维可视化分析,灾害监测效果如图 2.2.15 所示。

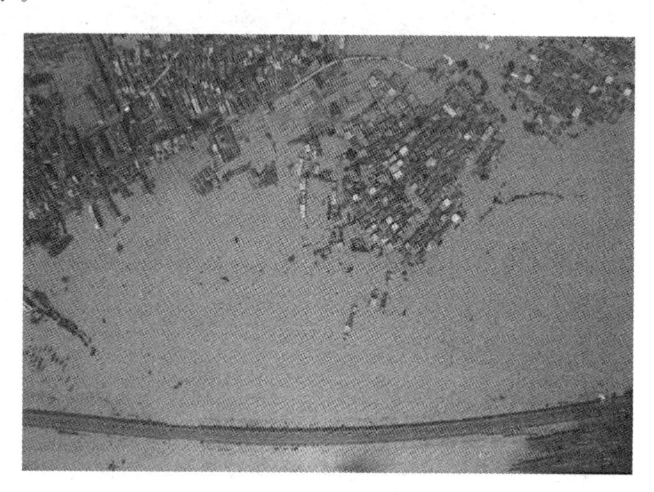

图 2.2.15 灾害监测

2. 环境监测

金山银山不如绿水青山,近几年,随着国家生态化建设的需求,环保部门急需快速监测手段进行各类污染源及其扩散态势的监测,为环境治理提供依据。无人机系统的灵活性、低成本和高精度对区域性环境监测十分有利,环境监测效果如图 2.2.16 所示。

3. 城镇规划

随着中国城市规划高精度空间信息源需求的提高,无人机航测克服了常规航空摄影手段的不经济和人工测量手段极度困难的问题,一跃成为最佳应用设备。其遥感系统可为 1:500、1:1 000、

图 2.2.16　环境监测

1∶200～1∶5 000 规划制图经济、快速的提供数据源，城市规划监测效果如图 2.2.17 所示。

图 2.2.17　城镇规划

4. 巡检调查

因无人机可以进行实时图像和视频回传，所以也被用于线路、设备的巡检调查。比如用于高压线路的巡检、石油管道的巡检、机场周边空中巡检、警方空中稽查等方面，无人机巡检高压线路如图 2.2.18 所示。

图 2.2.18　无人机巡检高压线路

2.3 无人直升机

本节内容，为了引导学生认识并了解无人直升机，将对无人直升机的定义、受力分析、飞行平台组成及作用、分类、应用等展开探讨。在学习本节内容时，可结合载人直升机进行类比学习。更多无人直升机系统结构知识会在《无人机装配与调试技术》中详细讲解。

在无人机领域，除了上一节介绍的固定翼无人机以外，还有一类无人机——旋翼无人机。旋翼无人机是相对于固定翼无人机而言的，与固定翼无人机的主要区别是用旋翼取代了固定翼作为升力来源，主要特点是可以在空中悬停并进行垂直起降。

从广义角度来讲，旋翼无人机也可泛称“无人直升机”，泛指一切可以垂直起降的无人机，但有些结构特殊的固定翼无人机也具备这种能力。而从狭义角度来讲，旋翼无人机指仅利用旋翼提供升力的无人机（本教材提到的无人直升机便指此类）。

一般旋翼无人机可概括为以下两大类：

① 无人直升机——采用单一主旋翼或双旋翼提供升力的无人机，主要应用于军事和工业领域。

② 多旋翼无人机——采用三个及以上旋翼共同提供升力的无人机，主要应用于工业和消费领域。

本节主要介绍第一类旋翼无人机，即无人直升机。而第二类多旋翼无人机将在2.4节详细介绍。

2.3.1 无人直升机的定义及受力分析

1. 无人直升机的定义

无人直升机是以单一或双旋翼作为动力驱动部件和升力来源，能遥控飞行或自主控制飞行，且可垂直起降的重于空气的无人机。

2. 无人直升机受力分析

无人直升机利用主螺旋桨产生向上的升力，当升力大于机身重力时，直升机便可垂直拉起。当升力等于重力时，直升机处于悬停状态，如图2.3.1所示。

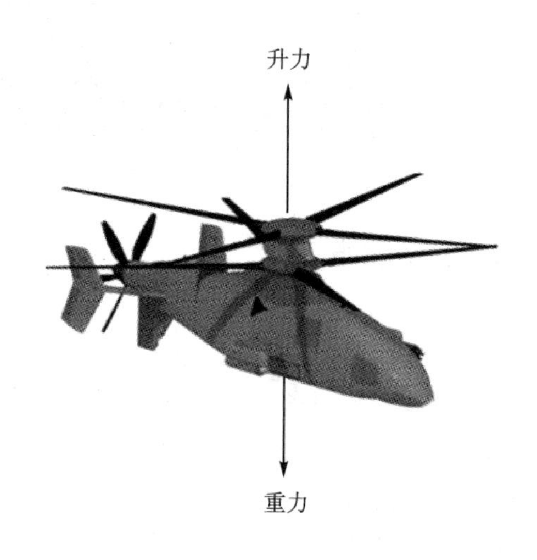

图2.3.1 垂直运动受力分析图

但因主旋翼旋转产生向上升力的时候，会对机身产生一个反向的作用力——反扭力。直升机就会因反扭矩的存在，产生与螺旋桨旋转方向相反的自旋，这是旋翼无人机固有的问题。为解决这一问题，可加设一个尾旋翼来抵消扭力、平衡机身。同时当直升机需要改变航向时，也可以通过尾部螺旋桨来调节。

2.3.2　无人直升机的飞行平台

无人直升机的飞行平台主要包括旋翼、尾翼、机身、发动机、导航系统、数据链、地面控制站等,如图2.3.2所示。其中发动机、导航系统、数据链、地面控制站等和固定翼无人机中的大同小异,本教材后面章节会详细介绍。下面重点介绍无人直升机机体平台中的两个重要部件——旋翼和尾翼。

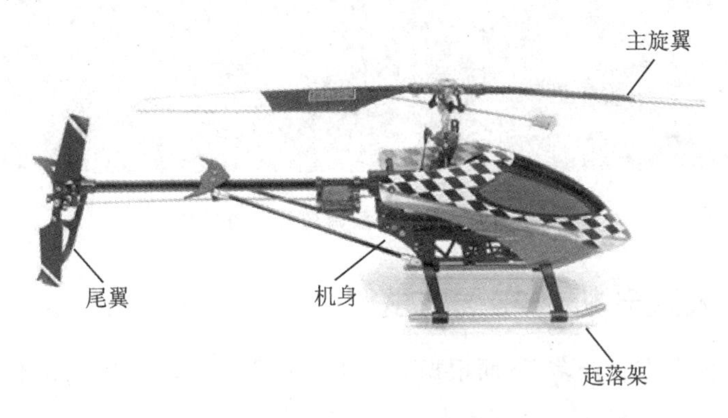

图2.3.2　无人直升机机体平台

1. 旋　翼

旋翼通过高速旋转将发动机的功率转换成升力,是无人直升机中最为核心的部件。直升机的旋翼,一方面为无人直升机提供了克服重力的升力;另一方面通过改变旋翼的旋转角度,来控制无人直升机的飞行姿态,即实现飞机的前进、爬升、悬停、俯冲等动作。

如果类比上一节的固定翼无人机机身平台中的部件来解释无人直升机旋翼的话,可以说直升机的旋翼就是可以完成固定翼无人机的机翼、副翼、螺旋桨、升降舵、方向舵等部件功能的复合部件。

2. 尾　翼

大多数无人直升机是单旋翼的直升机,如何来平衡主旋翼的反转力矩是关键性问题。因此,单旋翼无人直升机都需要配置尾翼。尾翼通常包括垂尾、平尾和设置于垂尾一侧的尾旋翼(尾桨),如图2.3.3所示。

图2.3.3　无人直升机的尾翼

无人直升机中还有采用共轴双旋翼的,这种布局的直升机,其旋翼力矩可以自我平衡,因此理论上可以不需要配置尾翼。但是,考虑到无人直升机受到侧风干扰时易偏离航线且自我修正能力较弱,即航向稳定性较弱,因此,共轴式双旋翼无人直升机一般也会配置尾翼,不过这种尾翼只是一个垂直安定面和方向舵的组合,有点类似固定翼无人机的垂尾,如图2.3.4所示。对于这种尾翼的原理,读者朋友们可以参考2.2节关于固定翼尾翼的介绍,这里不再赘述。

图 2.3.4　共轴式双旋翼无人直升机

2.3.3　无人直升机的布局方式

无人直升机的分类方法众多,下面根据无人直升机平衡反扭矩的方式不同,进行分类并逐一展开探讨。

1. 单旋翼+尾旋翼的布局方式

这种布局形式是无人直升机的主流形式,在这种布局方式中,主旋翼(即单旋翼)主要负责提供升力,尾桨(尾旋翼)则通过旋转产生一个垂直于垂尾平面的力,这个力将会产生一个抵消主旋翼反转扭矩的力矩,而实现平衡,如图 2.3.1 所示。

单旋翼带尾旋翼直升机构造简单,操纵灵便,多数起飞重量较大的无人直升机均采用此种布局。

2. 双旋翼共轴式的布局方式

这种布局的无人直升机采用上下共轴、规格一致的两个旋翼。为了使两个主旋翼能够抵消彼此的反转扭矩,两个旋翼的旋转方向是相反的。共轴的双旋翼既是升力面又是纵横向和航向的操纵面。

双旋翼共轴式直升机因没有尾桨,不需要装长长的尾梁,因此机身长度就大大缩短了。所以,双旋翼共轴直升机机体结构紧凑、设计相对短小,但机身高度要比第一种高一些,如图 2.3.4 所示。

另外,为了提高直升机的航向稳定性和方向操纵性,会额外配置一个类似固定翼飞机一样的垂尾,并且一般采用双垂尾以增加直升机的航向操纵性和稳定性。

双旋翼共轴式无人直升机与单旋翼带尾桨直升机相比,因两副旋翼的直径较短、机体部件紧凑地安排在直升机重心处,所以其飞行稳定性较好,操纵效率明显有所提高,但其操纵机构复杂。

3. 纵列式双旋翼的布局方式

这种布局的无人直升机是沿着机体纵轴,前后排列两副规格一致、旋转方向相反的主旋翼,如图 2.3.5 所示。

两副主旋翼的反作用扭矩可以互相平衡,故不需要尾翼。而从结构上来看,通常后旋翼稍高于前旋翼，避免互相影响。

纵列式双旋翼布局的无人直升机具有纵向稳定性好、载重效率高、机身有效容积大等特点。目前主要用于战术运输、客运、医疗、搜救等任务，并越来越受到各国的重视，尤其在战争中频繁使用。

4. 横列式双旋翼的布局方式

这种布局的无人直升机是在机身的支架上分别安装两副规格一致、旋转方向相反的主旋翼，如图 2.3.6 所示。

图 2.3.5　纵列式双旋翼布局

图 2.3.6　横列式双旋翼布局

横列式双旋翼无人机的两个旋翼左右横向排列，旋翼轴间隔较远，旋转方向相反，旋转力矩互相平衡，一般不需要尾翼提供额外的平衡力矩。但是，为了增强稳定性，在机身尾部通常会设置和固定翼飞行器一样的垂尾。

横列式双旋翼布局的无人直升机因在机身两侧增装旋翼支架，无形中增加了机身重量，加大了气动阻力，但其平衡性能好。截至目前，此种布局的无人直升机极其少见，世界上仅在 20 世纪 60 年代试制了 4 架原型机，但都没有进行批量生产。

5. 交叉式的布局方式

这种布局的无人直升机是在机身顶部分别对称布置两副旋翼，其桨为两叶桨且旋转方向相反，如图 2.3.7 所示。

自转旋翼机和倾转旋翼机

两副旋翼轴是不平行的，彼此之间设定一个倾斜角，都是向外侧倾斜的，且横向轴距很小，所以两副旋翼在机体上方呈交叉状。

交叉式无人直升机的最大优点是稳定性比较好，适宜执行起重、吊挂作业。最大缺点是因两副旋翼横向布置，气动阻力较大，但由于两旋翼轴间距较小，所以其气动阻力又要比双旋翼横列式直升机小一些。

2.4　多旋翼无人机

本节内容，为了引导学生认识并了解多旋翼无人机，将对多旋翼无人机的定义、受力分析、飞行平台组成及作用、分类、应用等展开探讨。更多多旋翼无人机系统结构知识会在《无人机装配与调试技术》中详细讲解。

图 2.3.7 交叉式布局

2.4.1 多旋翼无人机的定义及受力分析

1. 多旋翼无人机的定义

多旋翼无人机，是一种具有三个或三个以上旋翼轴的特殊旋翼无人机，又称多轴飞行器。

2. 多旋翼无人机受力分析

多旋翼无人机通过每个轴上的电动机转动，带动旋翼，从而产生升力。同时，多个旋翼的旋转方向不同，反转扭矩可以相互平衡。

多旋翼无人机通过改变不同旋翼之间的相对转速，可以改变单轴推进力的大小，从而控制无人机的平稳和姿态。

2.4.2 多旋翼无人机常见类型

多旋翼无人机按产生升力的转轴数区分，有三轴、四轴、六轴、八轴等多旋翼无人机，如图 2.4.1 所示。按产生升力的旋翼个数区分，有三旋翼、四旋翼、六旋翼、八旋翼无人机等。但需要明确的是，轴和旋翼一般情况下是相同的，但有时候也是不同的。比如四轴八旋翼，是在四个轴上每轴上下各安装一个螺旋桨动力装置构成八旋翼。

一般认为，螺旋桨数量越多，飞行越平稳，操作越容易。多旋翼无人机具有可折叠、垂直起降、可悬停、对场地要求低等优点，被广大使用者所青睐。

(a) 三轴多旋翼无人机

(b) 四轴多旋翼无人机

(c) 六轴多旋翼无人机

(d) 八轴多旋翼无人机

图 2.4.1　多旋翼无人机类型

2.4.3　多旋翼无人机飞行平台

多旋翼无人机系统主要由机体平台(机架)、动力系统、飞行控制系统、通信链路、导航系统、任务载荷等部分构成,如图 2.4.2 所示。

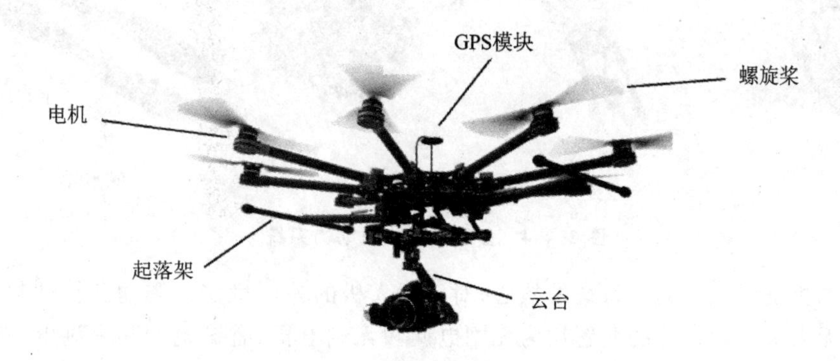

图 2.4.2　多旋翼无人机飞行平台

1. 机体平台

无人机机体平台通常是指整个机身,俗称“机架”。它是无人机的基本框架,可以装载各类设备、电池以及其他机身配件,也是整个飞行系统的飞行载体。

多旋翼无人机的机架一般采用重量轻、强度高的材料制作,例如 PA66＋30GF(尼龙 66＋30％玻璃纤维料)、碳纤维等材料,多旋翼无人机机架如图 2.4.3 所示。

2. 动力系统

电动多旋翼无人机动力系统通常由电机、电调、螺旋桨、电池、充电器等部分构成(见图 2.4.4),为整个多旋翼无人机提供飞行的动力,其中充电器属于地面设备。

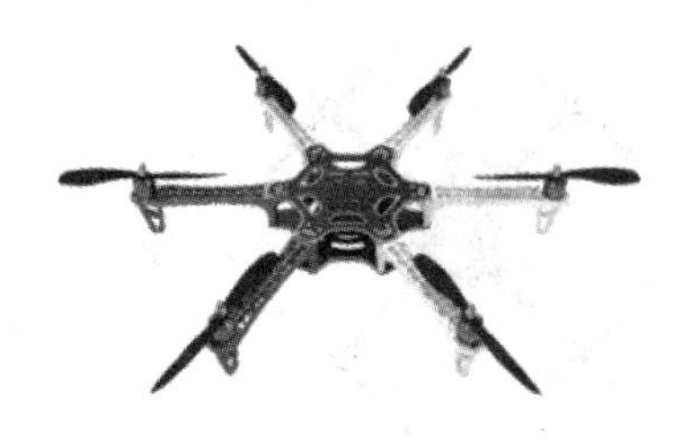

(a) PA66+30GF 材料

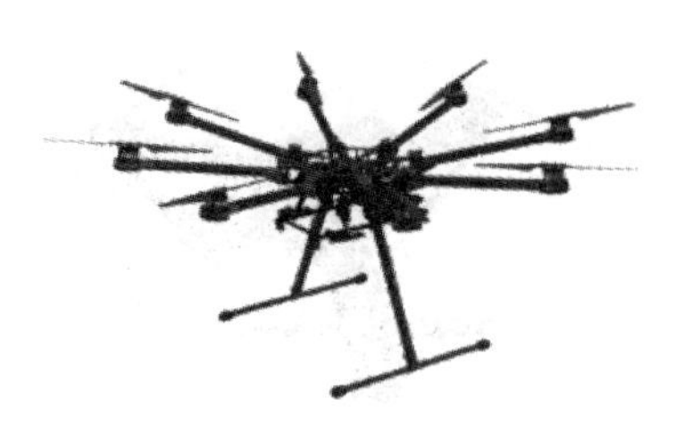

(b) 碳纤维材料

图 2.4.3 多旋翼无人机机架

动力系统的基本工作原理是由电调驱动电机带动螺旋桨旋转，螺旋桨产生向上的升力，驱动无人机进行各类飞行动作。

电机、电调和电池的接线

① 电机——由电动机主体和驱动器组成，是一种典型的机电一体化产品，在整个飞行系统中，起到提供动力的作用。

② 电调——电子调速器的简称，简写为 ESC（Electronic Speed Control），在整个飞行系统中，电调主要提供驱动电机的指令来控制电机，完成规定的速度和动作等。

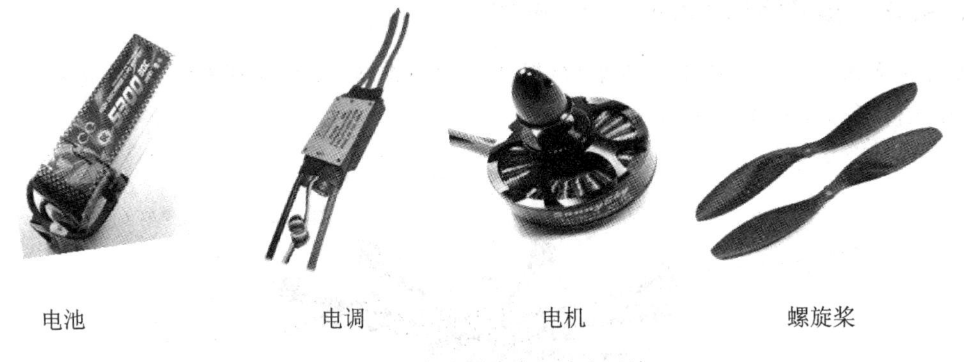

电池 电调 电机 螺旋桨

图 2.4.4 多旋翼无人机动力系统

电调和电机是无人机动力系统的核心，对于无人机的整体稳定性和动态特性起着关键的作用。目前无人机动力系统的配置均为无刷电调和无刷电机，有刷电调和有刷电机因其缺陷太多已经基本退出了市场。

③ 螺旋桨——是一种通过螺旋桨旋转，将电机转动功率转化为动力的装置。在整个飞行系统中，螺旋桨主要起到提供飞行所需的动能。按材质不同，一般可分为尼龙桨、碳纤维桨和木桨等，如图 2.4.5 所示。

④ 电池——是一种将化学能转化成电能的装置。在整个飞行系统中，电池作为能源储备，为整个动力系统和其他电子设备提供电能。目前在多旋翼无人机上，一般采用普通锂电池或者智能锂电池等，如图 2.4.6 所示。

3. 飞行控制系统

飞行控制系统（简称飞控系统）是无人机的领航员，相当于大脑和神经中枢，控制着无人机的飞行姿态和航向。

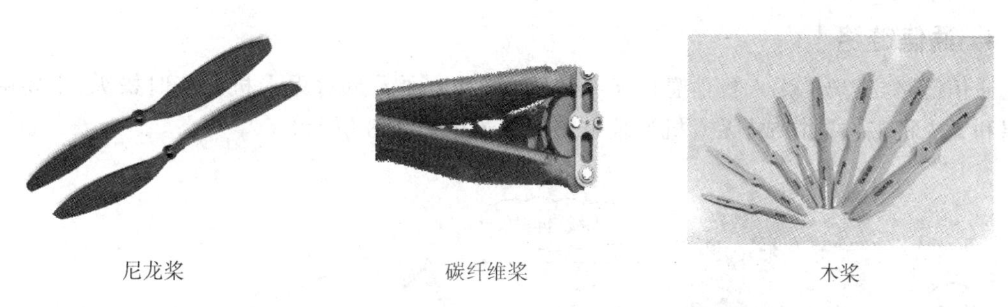
尼龙桨　　碳纤维桨　　木桨

图 2.4.5　多旋翼无人机螺旋桨类型

普通锂电池　　智能锂电池

图 2.4.6　多旋翼无人机常用电池

飞控系统主要由陀螺仪、加速度计、角速度计、气压计、GPS 模块、控制电路等部件组成。其作用是保证无人机的稳定性和操纵性、提高完成任务的能力与飞行品质、增强飞行的安全及减轻飞手负担，完成自动飞行的控制任务。

根据机型不同，有支持固定翼、多旋翼及直升机的飞控系统，如图 2.4.7 所示。

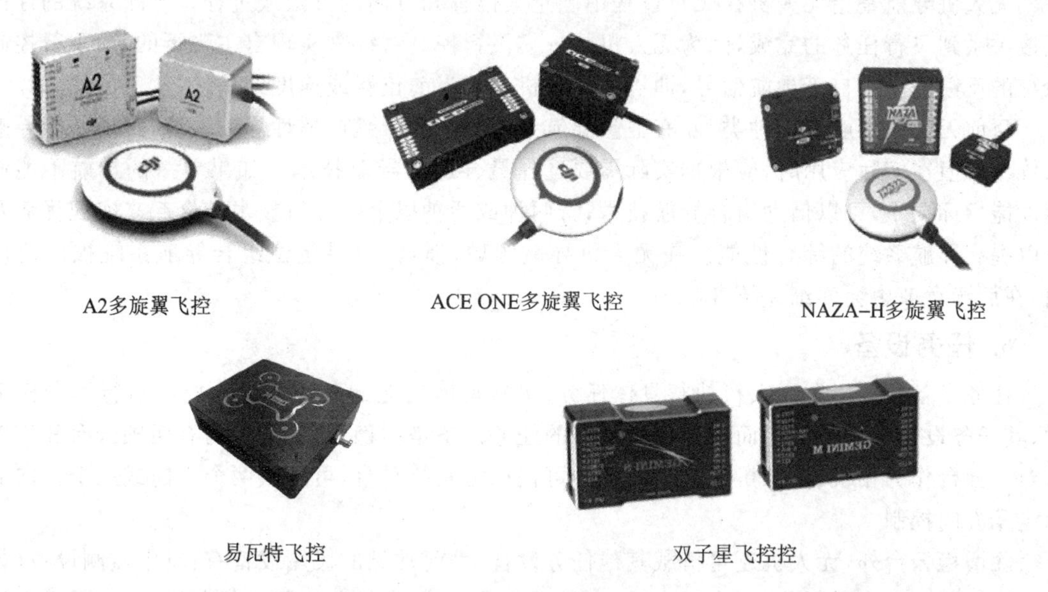

A2多旋翼飞控　　ACE ONE多旋翼飞控　　NAZA-H多旋翼飞控

易瓦特飞控　　双子星飞控控

图 2.4.7　常用飞控系统

4. 通信链路

通信链路，实现了无人机信息的实时传输，以及地面人员对无人机的实时操纵，主要由地面端和无人机端共同构成，无人机通信链路简图如图 2.4.8 所示。

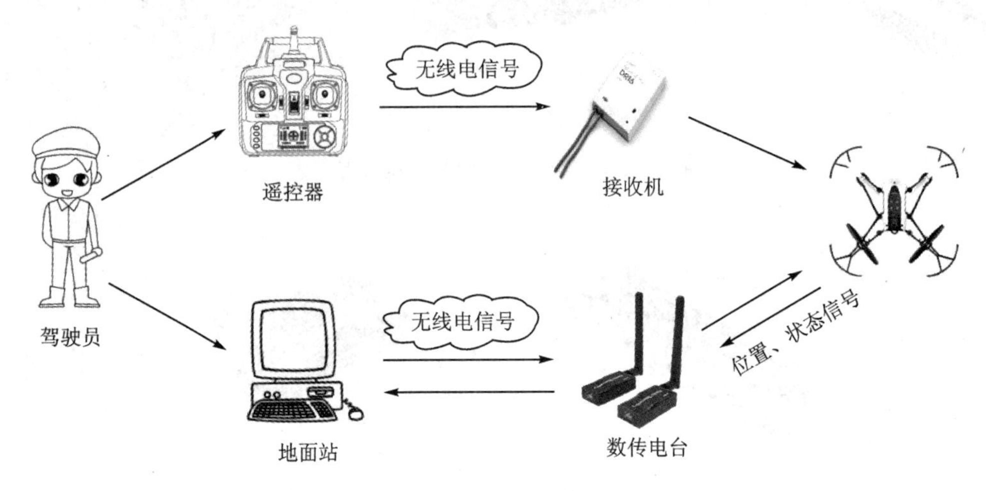

图 2.4.8　无人机通信链路简图

① 驾驶员的指令可以通过地面站转化成无线信号，通过数传电台或卫星天线传输给无人机，同时将无人机的位置信息、状态信息等传输回地面站，并在显示屏上显示。

② 驾驶员的指令可以通过遥控器转化成无线电信号，通过接收机输给无人机，控制无人机的飞行姿态。

5. 导航系统

无人机导航是指无人机在飞行过程中确定其位置和方向的方法或过程。导航系统的性能直接关系到飞行任务的完成，因为无人机是依靠飞行控制系统来实现自主飞行的，而飞行控制系统的反馈输入来自于导航信号，即机载计算机对于当前位置或速度的估计。

目前无人机导航有多种类型，有卫星导航系统、多普勒导航、惯性导航系统、图形匹配导航系统等。但在实际应用时，应根据实际需要选择最合适的导航技术。如果单一的导航不能满足性能指标要求，可以借助组合导航技术，将两种或两种以上的导航技术结合起来实现优势互补以提高导航系统的综合性能。在无人机导航领域，惯性/卫星定位组合导航系统被广泛应用，在后续章节中会详细介绍。

6. 任务设备

任务设备是多旋翼无人机执行具体任务、实施具体功能的载体。无人机在执行不同任务时，其任务设备明显不同。而目前应用最多的任务设备是增稳云台，常用的有两轴云台和三轴云台。云台作为相机、摄像机或其他设备的可控稳定安装平台，可提供两个方向或三个方向的稳定及方向控制。

除增稳云台外，无人机还可搭载其他任务设备，目前常见的民用设备有：空中监测设备（如大气监测器）、空中喊话器、空中灭火弹、应急投放设备等，在搭载不同的任务设备时，对无人机本身也有不同的要求。

2.2.4 多旋翼无人机的特点及应用

多旋翼无人机最大的结构特点是大多数具有多对旋翼，且每对旋翼的转向相反，用来抵消彼此的反转扭矩。与固定翼无人机相比，多旋翼无人机具有垂直起降，可以定点盘旋的优点；又因其采用无刷电机作为动力，且无尾翼装置，与单旋翼无人机相比具有结构简单、安全性高、飞行稳定程度高、成本低等优点。因此，多旋翼无人机在许多领域得到了广泛应用。

① 教育科研领域：多旋翼无人机涉及传感器、自动控制、导航等技术知识，是多科学领域融合研究的一个理想平台。无人机应用技术专业，就对应开设了这几门专业课。

② 警用安全领域：多旋翼无人机可搭载高清晰度数码摄像机，协助工作人员锁定关注事物；还可以通过不间断的画面拍摄，获取动态影像资料，并及时传送回地面。

③ 救生医疗领域：当发生洪水、泥石流等灾害或人员遇险时，无人机可通过远程操纵投掷的方式，投掷救生绳、救生圈、药品、食物、饮用水等，实施紧急救援。

④ 快递应用领域：利用多旋翼无人机运送快递具有节约人力成本、速度快、不受地面交通限制等优点。目前，美国的亚马逊，中国的顺丰都在对多旋翼运送快递进行测试。

多旋翼无人机的巨大使用价值为其带来了广阔的应用前景，并且使其成为无人机研究领域的热点，各大科研机构已掀起了一股多旋翼研究热潮，商业应用多旋翼无人机也遍地开花，多旋翼无人机正在从实验室走向国民经济的各个领域。

2.5 其他形式的飞行平台

本节内容，为了引导学生认识并了解无人飞艇、扑翼机，将对两种无人机的定义、特点、应用等展开探讨，从而扩充学生对无人机领域的全面认知。

2.5.1 无人飞艇

1. 无人飞艇的定义

无人飞艇是一种主要利用轻于空气的气体来提供升力的航空器，如图 2.5.1 所示。

图 2.5.1 无人飞艇

2. 无人飞艇的分类

无人飞艇常见分类如图 2.5.2 所示。

① 软式飞艇：又称压力飞艇，其气囊的外形是靠充入主气囊内气体的压力来维持的。

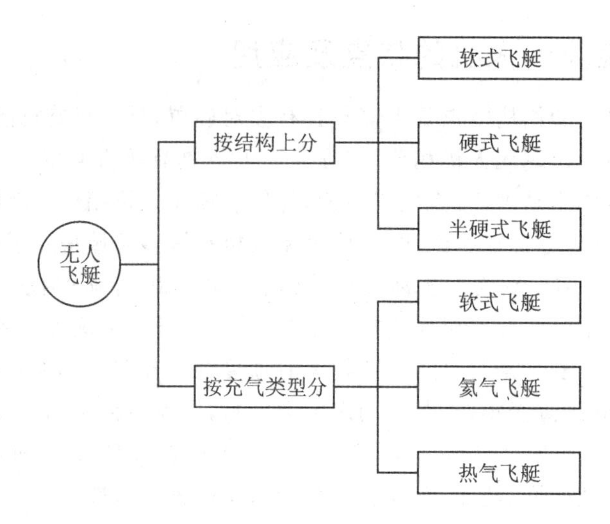

图 2.5.2　无人飞艇的分类

② 硬式飞艇:具有一个完整的金属结构,并由其来保持主气囊的外形;金属框架内有几十个或更多相互独立的小气囊,气囊内充有气体,以便产生飞艇所需要的浮升力。

③ 半硬式飞艇:以金属或碳纤维龙骨做支撑构架,气囊外形靠气体压力来维持,基本上也属于压力飞艇。

④ 无人飞艇气囊内所充气体有氢气、氦气或热气。早期飞艇主要以氢气飞艇为主,但因氢气易燃易爆,现代飞艇则以氦气飞艇居多。

3. 无人飞艇的结构组成

无人飞艇的基本外形是单一流线型,尾部设有尾翼,中央腹部设有吊舱,其基本结构部件有气囊(主气囊和副气囊)、动力装置、尾部装置、吊舱等,如图 2.5.3 所示。

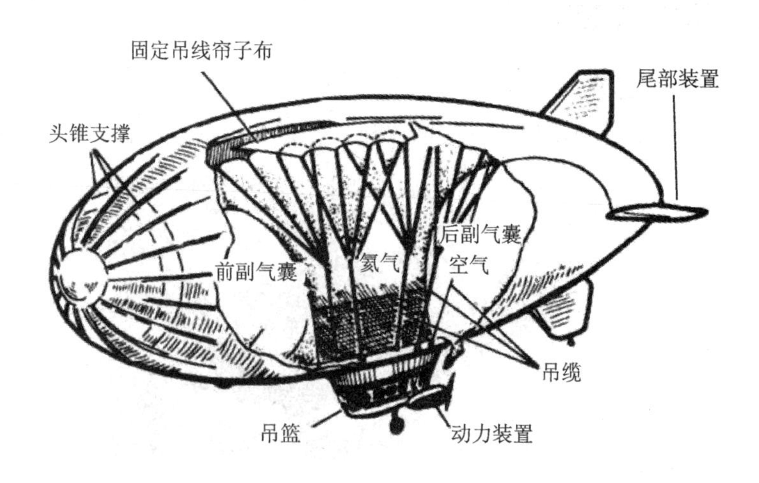

图 2.5.3　无人飞艇的结构

① 主气囊:体积最大,负责提供飞艇的升力,保证飞艇升空。

② 副气囊:体积较小,主要作用是调节气压,即当飞艇升到一定高度时,由于外界气压减小,气体膨胀,气囊容易胀坏,用副气囊内空气来调节内部压力。

③ 动力装置：为飞艇上升、下降、悬停、转向等提供动力。飞艇通常采用电动机或者活塞式发动机驱动螺旋桨的方式来为其庞大机身提供动力。

④ 尾部装置：飞艇的尾部有像固定翼无人机那样的尾翼，有些还会在尾翼中央位置设置一台后推式的发动机或螺旋桨，以便提高飞艇的机动性。

⑤ 吊舱：是飞艇内在价值的唯一体现，主要用来搭载任务设备，是飞艇中重量最为集中的地方。

4. 无人飞艇的特点及应用

无人飞艇通常采用最简易的软体气囊，体积较小，成本较低，并且具有推进和控制飞行状态的装置，同时无人飞艇飞行时间相对较长，且可以携带更多任务载荷，因此无论是空中监视、巡逻、中继通信还是空中广告飞行、任务搭载试验、电力架线，无人飞艇都得到了广泛的应用。

2.5.2　扑翼机

扑翼机，又称振翼机，是从鸟类或者昆虫启发而来的，具有可变形的小型翼翅，且机翼能像鸟和昆虫翅膀那样上下扑动，如图 2.5.4 所示

图 2.5.4　扑翼机

扑翼机利用了不稳定气流的空气动力学，同时还用了像肌肉一样的驱动器代替了电动机。扑动的机翼不仅产生升力，还产生向前的推动力。

扑翼机正在向微型化、昆虫式发展，这样在战场上，就不易引起敌人的注意。在和平时期，微型无人机是探测核生化污染、探寻灾难幸存者、监视犯罪团伙的得力工具。

知识点总结

本章主要介绍了几种主流的飞行平台，包括固定翼无人机、无人直升机、多旋翼无人机、无人飞艇和扑翼机。通过本章的学习，学生能够熟练掌握各类无人机机体的结构组成及作用，本章知识思维导图如图 2 所示。

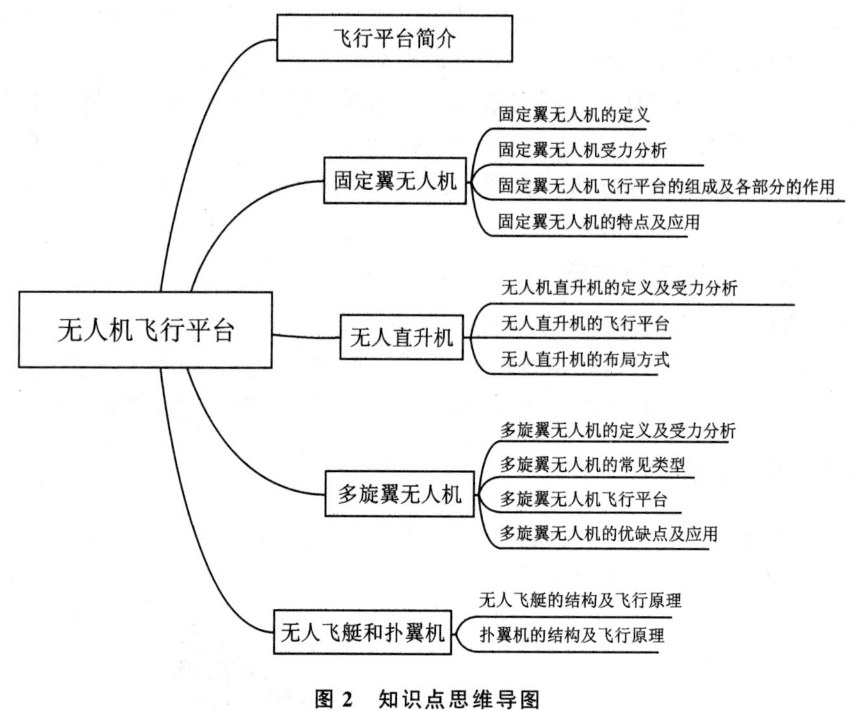

图 2　知识点思维导图

思考题

1．阐述固定翼无人机机体的结构类型及特点，并以市场上现有的一款固定翼无人机为例进行详细说明。

2．阐述多旋翼无人机飞行平台组成，并说明多旋翼无人机系统的工作原理。

3．理解固定翼无人机各种舵面的工作原理，并尝试思考一旦某一个舵面发生故障，如何利用其他舵面进行紧急应对。

4．简述无人飞艇的典型应用。

第3章　无人机主要飞行系统

通过第2章的学习，我们了解了无人机的飞行平台，对常用的机型也有了一定的认识。本章让我们深入了解无人机，看看机体内部的具体构造，了解无人机在执行任务过程中是怎么“思考”的，机体内部是如何配合工作的。

本章分别从无人机飞行控制系统、无人机导航系统、无人机通信系统、无人机动力系统进行介绍。通过章节的学习，希望学生能对无人机的组成建立宏观的概念，对无人机系统有更深入的认识，并对无人机的应用打下坚实的理论基础。

3.1　无人机飞行控制系统

通过学习本节，可以让同学们认识到无人机核心的控制系统，对无人机自主飞行控制系统有一些初步的认识，对飞行控制系统的构成进行深入认识，对各部分具有什么样的功能进行初步掌握。为后续学习无人机工作系统实用技术、无人机装配技术、无人机自动控制与智能开发等课程奠定理论基础。

3.1.1　无人机飞行控制系统定义

自动飞行控制器(Automatic Flight Control)简称自动驾驶仪或飞控，是指通过飞行自动控制系统自主调节飞行姿态，自动控制飞行器的整个飞行过程，并且可执行自主作业任务的机载设备。

无人机飞行控制系统，主要负责控制整架无人机执行任务中的飞行控制，包括执行任务过程中的自主起降、执行航线、自主作业、飞行环境干扰过程中的自主修正等控制。判断一架飞行器能否称得上是无人机的一个最主要的标准就是有无自主驾驶的功能。

3.1.2　无人机飞行控制系统的主要构成

无人机飞行控制系统的主要构成有：机载计算机、机载传感器、动作执行装置三大部分。主要的功能是计算无人机飞行姿态、接收并向伺服动作设备传输控制指令、向任务设备传输操作指令以及应急控制等。

1. 机载计算机

机载计算机(Airborne Computer)是嵌入在航空器上，完成各种特定飞行任务的信息处理的计算机系统的总称。目前，大多数无人机采用独立的高性能、低成本、低功耗的微控制器作为机载计算机。同其他领域的计算机相比，机载计算机的特点有：能适应恶劣工作环境，重量轻、体积小，可靠性高、模块化程度高，是多种计算机技术综合应用的成果，是航空领域研究的重要内容。随着各种飞行器智能化程度的不断提高，机载计算机对航空器总体性能的影响越来越大，其处理速度、网络传输速度、物理特性等性能指标往往决定机

飞控子系统的介绍

载设备乃至整个航空器总体性能。机载计算机如图 3.1.1 所示。

2. 机载传感器

(1) 陀螺仪传感器

定义：陀螺仪传感器是一种能够精确地确定运动物体的方位、可测量角速度的传感器。陀螺仪是用高速回转体的动量矩敏感壳体相对惯性空间绕正交于自转轴的一个或两个轴的角运动的检测装置。

陀螺仪传感器的工作原理：对固定的加速度计框架施加电压，并交替改变电压，让一个质量块做振荡式来回运动，当整个陀螺仪传感器不发生旋转运动时，质量块运动只有水平运动没有垂直运动；当整个陀螺仪传感器发生旋转运动时，质量块运动即有水平运动还有垂直运动，加速度计框架将感知到旋转运动，此时就会产生科氏加速度，从而采集与旋转相关的信号，通过放大器进行放大后，完成旋转信号的解码，输出相应的陀螺仪传感器姿态信息。陀螺仪传感器工作原理如图 3.1.2 所示。

图 3.1.1 机载计算机

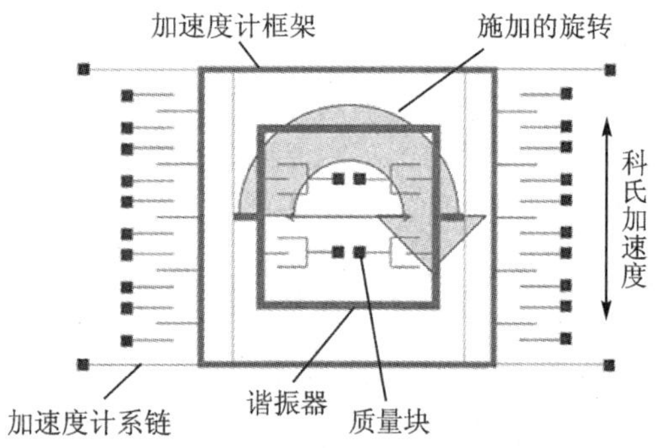

图 3.1.2 陀螺仪传感器工作原理

机械陀螺仪结构：由一个转速较高的转子和安装转子的支架构成一个单轴陀螺仪，在通过转子中心轴上加一个内环架，构成两轴陀螺仪，再在内环架外再加上外环架，就构成了环绕平面三轴作自由运动的三轴陀螺仪，如图 3.1.3 所示。

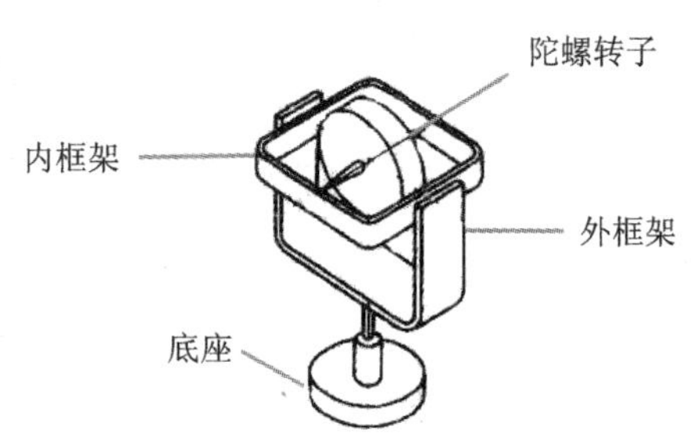

图 3.1.3 陀螺仪结构

(2) 加速度传感器

定义：加速度传感器，即测量加速度并转换成可输出信号的传感器。

加速度传感器的分类及原理：根据牛顿第二定律，我们知道加速度的大小等于物体的作用力与物体质量的比值。我们要想知道运动物体的加速度，只须测量作用力和物体的质量即可。如果利用电磁力去平衡产生加速度的作用力，就可以得到加速度的作用力与电流（电压）的对应关系，通过这个简单的原理可设计加速度传感器。

加速度传感器的本质是通过作用力造成传感器内部敏感部件发生变形，通过测量其形变并用相关电路转化成电压输出，得到相应的加速度信号。根据加速度计传感器内部敏感部件的不同，可以分为压点式加速度传感器、压阻式加速度传感器、电容式加速度传感器、伺服加速度传感器，图 3.1.4 所示为加速度计传感器。

(3) 磁力计传感器

定义：磁力计传感器，是一种可以测量环境磁场强度的传感器。通过利用磁力计测得磁场强度进而得到所需的载体方位角信息。磁力计传感器常用于定位设备的方位和测量各方位上的夹角。磁力计传感器如图 3.1.5 所示。

图 3.1.4　加速度计传感器

图 3.1.5　磁力计传感器

原理：磁力计传感器是采用各向异性磁致电阻材料，来检测空间中磁感应强度的大小，从而达到实现判断空间方向的作用。内部结构是：一个强磁场加在各向异性磁致电阻上使其在某一方向上磁化，从而建立起一个主磁域。与主磁域垂直的轴被称为该异性磁致电阻的敏感轴，如图 3.1.6 所示。为了使测量结果以线性的方式变化，磁致电阻材料上的金属导线呈 45°角倾斜排列，使电流从这些导线上流过。由初始的强磁场在磁致材料上建立起来的主磁域和电流的方向有 45°的夹角。当有外界磁场时，异性磁致电阻上主磁域方向就会发生变化，那么磁场方向和电流的夹角 θ 也会发生变化，如图 3.1.6 所示。对于磁致电阻材料来说，θ 角的变化会引起 AMR 自身阻值的变化，并且呈线性关系。在没有外界磁场的情况下，电桥输出的电压为零；当检测到外界磁场的时候，阻值发生变化，输出为变化的电压值。

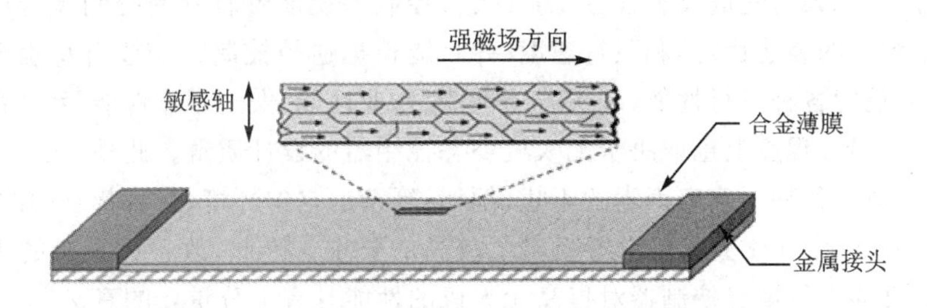

图 3.1.6　磁力计传感器原理

(4) 空速传感器

定义：空速传感器是用于测量无人机在飞行时的速度的仪器，将测量到的数据传给飞控。

原理：空速管的全压孔与空速表全压力传感器相连接，全压力传感器通过全压孔测得相对气流的数值；静压孔与静压力传感器相连接，静压力传感器通过静压孔测得当前高度大气压的数值。在飞行中，通过全压与静压的差值得到动压值，根据动压的大小即可得到飞机的飞行速度。空速传感器如图 3.1.7 所示。

图 3.1.7　空速计传感器

3.1.3　无人机飞行控制器的工作原理

无人机飞行控制器是无人机的核心，相当于无人机的“大脑”。无人机飞行控制方式包括指令控制和自主控制两种，不论采用哪种方式，无人机想要有良好的飞行特性，就必须具有良好的控制特性。

无人机飞行是典型的非线性、强耦合、多输入多输出的复杂控制系统，其飞行控制问题一直是无人机研究的难点。随着科学技术的不断发展，虽然出现了以最优控制和自适应控制等为代表的多变量现代控制方法，但由于经典的 PID 控制方法结构简单，而且较少的依赖精确的动态模型，所以常见的无人机飞行控制器均采用 PID 控制方法。

无人机飞行控制器分为内回路(姿态回路)的控制和外回路(位置回路)的控制。按照控制对象又可将其分为三个方面，分别为姿态控制、位置控制和动力驱动控制。

无人机的控制系统中，姿态控制是最为关键的一部分，无人机的姿态变化会直接影响无人机的飞行状态。无人机完成飞行任务，需要飞行控制系统能够较好的控制飞行姿态(俯仰、滚转、偏航三个维度的姿态稳定)和飞行速度，并且能根据遥控控制指令或自身程序来改变飞行的位置。无人机的各种飞行性能(起飞着陆性能、作业性能、安全可靠性能、系统的自动化性和可维护性等)在很大程度上也取决于无人机姿态控制器的设计质量。此外，无人机在飞行过程中又必须能够适应各种不确定因素的干扰，例如：复杂的空中环境、自身状态的改变、飞行任务的调整等，这些因素均对姿态控制器提出了较高的要求。因此，改善无人机的飞行姿态控制器，设计出优良的飞行姿态控制器对提高无人机的性能具有十分重要的意义。

无人机的姿态信息主要由惯性导航系统测量并计算。惯性导航系统主要由加速度计、陀螺仪、磁力计及必要的附件构成。其工作原理是：已知运动的初始条件，利用惯性敏感元件在载体的内部测量载体相对惯性坐标系的线运动与角运动的参数，然后由牛顿运动定律和相应的坐标转换矩阵，得到载体的瞬时姿态和速度。常用的惯性导航系统方案有平台式方案和捷联式方案，惯性导航系统结构如图 3.1.8 所示。

惯性导航系统通过解算可得出无人机本身的姿态参数，然后将这些参数传给姿态控制器，

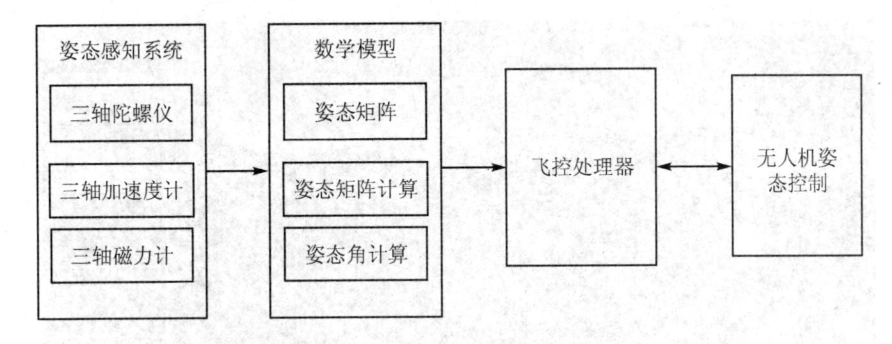

图 3.1.8　惯性导航系统结构图

姿态控制器通过闭环控制减小期望姿态参数与解算出的姿态参数的偏差，进而调整无人机的飞行姿态。

对于惯性导航系统中的参数处理一般需要姿态解算、数据融合等步骤。其中，姿态解算算法一般采用方向余弦法、欧拉法、四元数法等方法；数据融合方面，通常采用多传感器信息融合技术，对陀螺仪、加速度计和磁力计的数据进行融合，获取精确稳定的姿态参数。

无人机按照自身结构可分为多旋翼无人机、无人直升机、固定翼无人机，结构的不同使它们姿态控制器也不尽相同。

3.1.4　地面控制站

1. 地面控制站简介及作用

地面站软件使用介绍

无人机的地面站控制系统简称地面控制站，主要功能是对无人机进行指挥控制与任务规划。随着实际应用需求的提高，无人机地面控制系统不断地进行技术升级。早期的民用领域地面控制站与现在常说的航空模型没有太大的区别，只能实现远程遥控功能。随着技术的发展，更多的硬件被加入到无人机系统，使无人机具备了自动执行飞行任务和飞行模式切换等能力。地面控制站的功能逐步强大，逐渐具备了系统调试、参数调试、硬件校正、飞行数据传输与展示、飞行数据在线处理、飞行模式切换等功能。地面控制站软件如图 3.1.9 所示。

2. 地面控制系统组成

无人机地面控制系统通常由数据链路控制、飞行控制、载荷控制、载荷数据处理等组成。无人机地面控制系统可以由不同功能的若干控制站模块组成，主要包括下面几方面内容。

(1) 数据处理中心

数据处理中心主要是制定无人机飞行任务、完成无人机载荷数的处理和应用。指挥数据处理中心一般都是通过无人机控制站等间接地对无人机控制和接收。

(2) 地面控制站组成

无人机地面控制的主要可以用分为两大部分：软件和硬件。民用的无人机地面站操控软件较为简单，通常把装有 PC 端或者手持控制设备端作为硬件设备和软件操控系统。地面控制站的硬件设备有：地面 PC、遥控器、数传收发器、图传收发器、FPV 显示器等。地面计算机主要负责处理飞行数据、算法调试、硬件校准、模式设定等工作。数传设备所在地面实时传输

图 3.1.9　地面控制站软件

数据,图传设备实时回传采集内容,为超视距飞行提供保障。

(3) 载荷控制站

载荷控制站是地面控制站对机载任务设备控制的主要装置,通过发送任务控制指令,遥控机载设备执行作业任务,同时地面站控制单元处理并显示机载任务设备的工作状态,提供给操纵人员监测作业任务执行的情况。对任务载荷设备进行控制时,不对无人机飞行进行控制。

3. 地面控制站系统主要功能

无人机地面控制站系统具有指挥调度、操作控制、飞行监视、地图导航、任务规划、任务回放等功能。

① 指挥调度:主要包括接收上级指令、各系统之间的沟通、系统内部调度等。

② 操作控制:主要包括起降操作、飞行控制操纵、任务设备操纵、数据链路控制等。

③ 飞行监视:主要包括通过无线数据传输链路将飞机当前状态信息实时回传;主要信息用虚拟仪表或其他控件显示,为地面操纵人员参考。

④ 地图导航:主要包括根据无人机下传的经纬信息导入到地面站地图软件上,通过软件自动生成无人机飞行轨迹,并在电子地图上呈现。

⑤ 任务规划:主要包括飞行航路规划与重规划、任务载荷工作与重规划。

⑥ 任务回放:主要包括根据保存在数据库中的飞行数据,在任务结束后,使用回放功能可以详细的观察飞行过程的每个细节,检查任务执行效果。

3.2　无人机导航系统

无人机导航是把飞行器从出发地引导到目的地的过程。在导航的过程中需要实时收集位置、方向、速度、高度、航迹等信息。目前常用到的导航技术有惯性导航、卫星导航、传感器导航、视觉识别导航等。为了提高无人机导航的精度,会将几种导航组合使用,形成组合导航,让无人机飞行更加稳定可靠。

3.2.1　惯性导航

惯性导航是通过测量飞行器的加速度，并自动进行积分和运算得到速度位置，获得飞行器瞬时速度和瞬时位置数据的技术。组成惯性导航的设备主要有计算机、加速度计、陀螺仪以及其他运动传感器模块，工作时不依赖外界信息，也不向外界辐射能量，不易受到干扰，是一种自主式导航系统。

惯性导航的特点：可实现全天候全时间工作于空中、地球表面、水下等地点，自主导航，屏蔽性好，不受外界电磁干扰、数据更新率高，短期精度高，稳定性好。

3.2.2　卫星导航

卫星导航是利用导航卫星发射的无线电信号，无人机机载接收端通过接收到的卫星发出的位置信息，计算出无人机在地球上的位置。卫星导航系统由导航卫星、地面台站、用户定位设备三部分组成。目前，世界上现有的卫星导航系统有：美国的卫星全球定位系统（GPS），俄罗斯的全球导航卫星网（GLONASS）、欧洲的“伽利略”导航卫星系统和中国的“北斗”导航定位卫星系统（BDS）。

1. 美国卫星全球定位系统

卫星全球定位系统（Global Positioning System）简称 GPS，机载全球定位接收模块，主要作用是接收 GPS 卫星导航发出的位置和时间等信息，通过解算这些信息，使飞控系统感知并计算出当前所在的空间位置。GPS 是一个中距离、圆形轨道卫星导航系统，结合卫星及通信发展技术，利用导航卫星进行测时和测距。经过近十年的验证，卫星全球定位系统具有全天候、高精度、自动化、高效益等特点，并在工程测量、航空摄影测量、资源勘察等多方面得到了广泛的应用。

卫星全球定位系统由卫星端、地面控制端和用户接收端三部分组成。卫星端由 24 颗卫星组成，地面控制端由 5 个全球检测站和 3 个地面检测站组成，用户接收端为 GPS 信号接收机，在无人机上 GPS 信号接收机与飞控系统相连接。美国卫星全球定位系统如图 3.2.1 所示。

2. 俄罗斯“格洛纳斯”导航系统

俄罗斯的“格洛纳斯”导航系统是在 2011 年开始运行的全球卫星导航系统，该系统主要用于确定陆地、海上和空中目标的坐标及运动速度等信息。目前在轨的卫星已达 30 颗。

GLONASS 技术具有可为全球海陆空以及近地空间的各种军、民用户全天候、连续的提供高精度的三维位置、三维速度和时间信息等特点，并且对全球用户免费开放。俄罗斯“格洛纳斯”导航卫星如图 3.2.2 所示。

3. 欧洲“伽利略”导航卫星系统

欧洲“伽利略”导航卫星系统是由欧盟研制和建立的全球卫星导航定位系统，由欧洲委员会和欧空局共同负责。该系统的轨道高度为 2.4 万 km，并且由 30 颗卫星组成，位于 3 个倾角为 56°的轨道平面内。

“伽利略”导航卫星系统是欧洲自主、独立研制的全球多模式卫星定位导航系统，可提供高精度、高可靠性的定位服务，实现了完全非军方控制、管理，可以进行全覆盖的导航和定位，并且可以与其他系统相互配合使用，如果定位失败可以在很短的时间内通知客户，比 GPS 系统

图 3.2.1　美国卫星全球定位系统

图 3.2.2　俄罗斯“格洛纳斯”导航卫星

更为可靠、精度更高。欧洲“伽利略”导航卫星如图 3.2.3 所示。

4. 中国“北斗”导航定位卫星系统

中国“北斗”导航定位卫星系统是中国自主研制的全球卫星导航系统。“北斗”导航定位卫星系统由空间端、地面端和用户端三部分组成，可在全球范围内全天候、全天时为各类用户提供高精度、高可靠性的定位、导航、授时等服务，定位精度可大 10 m，测速精度为 0.2 m/s，授时精度为 10 ns。

“北斗”卫星导航系统空间端计划由 35 颗卫星组成，包括 5 颗静止轨道卫星、27 颗中地球轨道卫星、3 颗倾斜同步轨道卫星。至 2012 年底北斗亚太区域导航正式开通时，已正式在西昌卫星发射中心发射了 16 颗卫星，其中 14 颗组网并开始提供服务，分别为 5 颗静止轨道卫星、5 颗倾斜地球同步轨道卫星、4 颗中地球轨道卫星。中国“北斗”导航定位卫星如图 3.2.4 所示。

图 3.2.3 欧洲“伽利略”导航卫星

图 3.2.4 中国“北斗”导航定位卫星

3.2.3 传感器导航

传感器导航利用机载传感器，可感知无人机当前的高度，障碍物的距离、高度，飞行速度等信息，通过传感器收集到的信息，传给飞控执行避障程序，实现自主避障的功能。主要用到的传感器有超声波传感器、光流传感器、气压传感器等。

1. 超声波传感器

超声波传感器是将超声波信号转换成其他能量信号(通常是电信号)的传感器。超声波是振动频率高于 20 kHz 的机械波，具有频率高、波长短、绕射现象小，特别是方向性好、能够成为射线而定向传播等特点。超声波传感器在无人机上的作用一般是安装到机身正下方，测量无人机距离地面的实际高度，将信息提供给飞控系统。超声波传感器如图 3.2.5 所示。

2. 光流传感器

光流传感器是利用感知图像变化来检测无人机位于地面的状态的传感器。光流是数字图像处理的一种理论，是一种图像亮度模式的表观运动。光流的概念是 Gibson 在 1950 年首先提出的，它是空间运动物体在观察成像平面上的像素运动的瞬时速度，是利用图像序列中像素在时间域上的变化以及相邻帧之间的相关性来找到上一帧和当前帧之间存在的对应关系，从而计算出相邻帧之间物体的运动信息的一种方法。光流传感器在无人机上用来感知无人机水平位置，一般用来在室内实现定高、定点飞行。光流传感器如图 3.2.6 所示。

图 3.2.5　超声波传感器

图 3.2.6　光流传感器

3. 气压传感器

气压传感器是用来测量气体压强大小的仪器，其中一个大气压量程的气压传感器通常用来利用气压与海拔的对应关系测量海拔高度。气压传感器在无人机上的应用是测量无人机在空间上的相对高度。气压传感器如图 3.2.7 所示。

4. 视觉识别传感器

视觉识别传感器导航是通过视觉识别系统对地形图片进行识别或者根据当前地表特征判断飞行位置进行导航飞行的。视觉感知系统是用相机模仿人类视觉识别的功能，利用相机的二维图像反推出图像中三维信息，通过视觉识别估算出无人机距离物体的距离、位置等信息。视觉感知系统包括光流传感器、光流测速计、视觉里程计等。正是由于这些传感器的相互配合，取长补短，才使无人机的飞行精度逐步提高。视觉识别传感器如图 3.2.8 所示。

图 3.2.7　气压传感器

图 3.2.8　视觉识别传感器

3.3　无人机通信系统

本节内容，旨在使学生了解无人机通信系统的组成和无人机导航系统的种类。遥控器通信方式和数传通信的作用为本节重点介绍内容。通过本节的学习可为无人机操控训练、无人机的调试与维护等课程的学习奠定理论基础。

3.3.1　无线电通信原理

无线电是一种将需要传送的声音、文字、数据、图像等电信号调制在无线电波上经过空间传递的通信方式。无线电通信从技术角度分类，可以分为数字通信和模拟通信。

1. 无线电原理

无线电技术是通过无线电波传播信号的技术，无线电技术的原理在于导体中电流强弱的改变会产生无线电波，利用这一现象，通过调制可将信息加载于无线电波上，当电波通过空间传播到收信端时，电波引起的电磁场变化又会在导体中产生电流，通过解调将信息从电流变化中提取出来，就达到了信息传递的目的。

2. 无线电通信原理

无线电通信的原理是指将无线电波用作传播介质来传递信息。传递的信息和对应接收的过程都是借助于频率变化的。在导体范围内，电磁场会同步于电流的波动，在这种基础上的无线电波将会随之变更，表现出规律性。经过调制，电流被转变成精确信息并附于电波上，传送并且接收到信息后，导体将变回原先磁场的状态，充分转化后，即可用来传递信息。

3. 数字通信

数字通信(Digital Telecommunications)是指用数字信号作为载体来传输消息，也可理解为用数字信号对载波进行数字调制后再传输的通信方式。数字通信可传输电报、数字数据等数字信号，也可传输经过数字化处理的语言和图像等模拟信号。

4. 模拟通信

模拟通信(Anolog Telecommunications)是指利用正弦波的幅度、频率、相位的变化来模拟原始信号，以达到通信的目的。或者说是利用脉冲的幅度、宽度、位置变化来模拟原始信号，实现通信的目的。模拟通信具有通信系统简单、占用频带窄等优势，但也存在保密性差、抗干扰能力弱、设备不易大规模集成化等缺点，正在被数字通信逐步取代。

3.3.2　无人机的通信

1. 遥控器通信

遥控器通信是操控无人机飞行的主要通信方式，早期的航模使用的遥控器多是用35 MHz，40 MHz，72 Mz三个专属频段，每个频段可使用带宽为1 MHz且各国规定略有不同。随着民用无人机的日渐壮大，同一场地飞行时，出现串频的事故经常发生。自2008年以后ISM(Industrial Scientific Medical)频率资源中2.4 G(2 400～2 483.5 MHz)波段对全世界开放，只要符合各国标准，在此波段使用无须申请。目前无人机遥控器使用的发射制式主要有:PPM制式、PCM制式和2.4 G制式。近年来由于城市WiFi和蓝牙的广泛使用，增加了遥控器信号的干扰。现在多采用跳频扩频技术和序列扩频技术。

2. 数据传输通信

无线电高速数据传输(Digital Data Transmission)简称数传(DDT)，借助DSP技术和无线电技术实现的高性能专业数据传输电台。数传电台的作用是为了实现无人机与地面站数据相互传输的功能，地面站会上传控制指令，实现操控无人机的目的，机载端会回传飞机高度、速度、电量、位置等信息，达到实时监控无人机状态的目的。在无人机上数传电台常用的频率有2.4 GHz、433 MHz、900 MHz、915 MHz。一般433 MHz使用的较多且为开放频段，433 MHz的波长较长、穿透力强，传输距离为5～15 km。

无人机与控制站之间依靠数传电台发出控制指令，即数据上行链路；无人机机载数传接收指令，并通过机载数传将飞机状态信息回传到控制端，即数据下行链路。数传电台如图3.3.1所示。

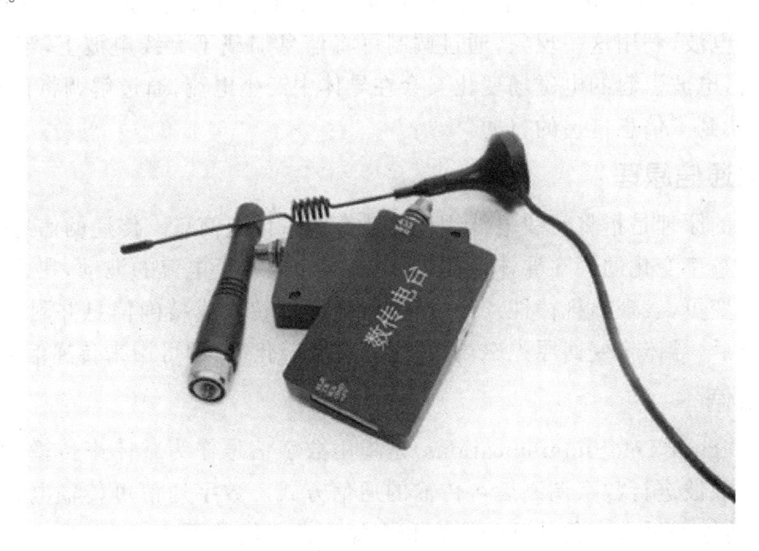

图3.3.1 数传电台

3. 中继通信

目前常用到的中继通信有两种，一种是卫星中继通信，另一种是无人机中继通信。卫星中继通信一般由机载用户终端和卫星中继站组成，地面指挥站通过光纤将无人机的控制指令输往地面卫星通信站进行处理，经过数据加密、编码、控制和变频放大后，再通过天线发送给卫星，由卫星将控制指令传送给无人机。

无人机中继通信一般由地面指挥系统、中继无人机、任务无人机组成，一般在数百公里内可控制飞行。一般通过发射一架中继无人机，搭载中继天线，将天线分别指向无人机和地面指挥系统，来实现无人机远程操控。

3.4 无人机动力系统

本节内容，主要介绍无人机动力系统的常用种类：电动动力系统，活塞动力系统，涡轮动力系统，火箭动力系统。通过本节的学习同学们可以了解到，决定无人机飞多高、飞多快、载重大小、升限大小的因素。可为后续的无人机组装与调试、无人飞行器设计等课程奠定理论基础。

3.4.1 电动动力系统

电动动力系统，由于具有使用成本较小、维护起来方便、整体结构较完整等特点，使得电动电力系统在民用领域得到了广泛应用。

1. 电动动力系统的组成

无论是旋翼无人机还是固定翼无人机，它们的电动动力系统都主要是由电机、电子调速器、电源、螺旋桨组成。

2. 电机的分类

(1) 交流电机

交流电机是将交流电的电能转换为机械能的装置，交流电机主要由一个用于产生磁场的电磁铁绕组或者分布的定子绕组和一个旋转电枢或转子组成。电机是利用通电线圈在磁场中受力转动的现象制成的。交流电机如图 3.4.1 所示。

图 3.4.1　交流电机

(2) 直流电机

直流电机是将直流电的电能转化为机械能的装置，直流电机装有环状永磁体，电流通过转子上的线圈产生安培力，当转子上的线圈与磁场平行时，再继续转动时受到的磁场方向将改变，因此转子末端的电刷跟转换片交替接触，从而线圈上的电流方向也改变，若使产生洛伦兹力的方向不变，电机即可保持一个方向转动。直流电机如图 3.4.2 所示。

(3) 有刷电机

有刷电机是内含电刷装置的将电能转换为机械能的旋转电机。有刷电机工作时，线圈和换向器旋转，磁钢和碳刷不旋转，线圈电流方向的交替变化是随着电机转动的换向器和电刷来完成的。

有刷电机工作原理如下：

直流电源电流顺着电源正极流到下边的电刷上面，电刷和换向器相互摩擦，电流经过左边的换向器(也叫换向片，有刷电机有左右两个换向片)流进线圈，从线圈的右边流出来，经过右边的换向片和右边的电刷流回到电源的负极，形成闭合回路。由于线圈处在主磁极的磁场中，线圈会受到电磁力的作用，线圈的两个边由于电流的方向不同(左边的电流向里流，右边的电流向外流)，所以两个线圈边受到大小相同方向相反的电磁力，这两个电磁力刚好形成了电磁转矩，在电磁转矩的拉动下，线圈开始转动了。即将直流电机中线圈嵌放在转子槽中，电动机就开始转动了。

左右换向片跟着转轴转动，而电刷固定不动，转动一圈以后，右边的线圈到了左边，左边的线圈到了右边，但是由于换向片的存在，现在处在左边的线圈内的电流方向和原来处在左边的线圈变的电流的方向一样流向里，所以受到的电磁力方向不变，右边也一样。所以从空间上看，在相同位置的线圈边受的电磁力方向是一直不变的，这就保证了电机的循环转动。但是由于线圈转到不同位置时磁场是不相同的，这就导致了线圈所受的电磁力也一直在变，所以线圈转起来不稳定，忽快忽慢。一般可以通过多安装几个线圈来保证线圈受力均匀和稳定。有刷电机工作原理如图 3.4.3 所示。

图 3.4.2　直流电机

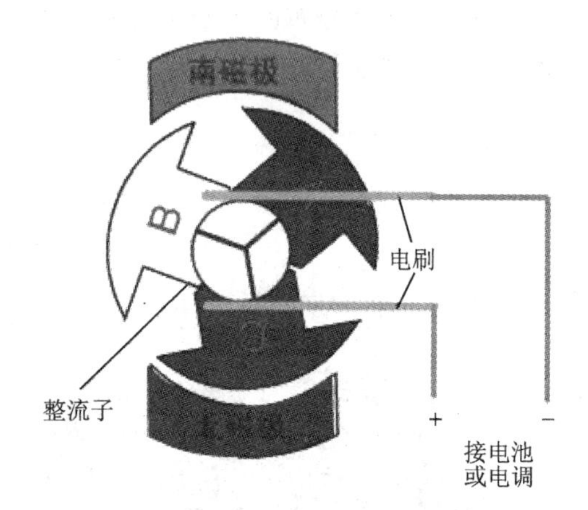

图 3.4.3　有刷电机原理

(4) 空心杯电机

空心杯电机是直流有刷电机的一种，空心杯电机具有突出的节能特性，并且体型小巧、性能稳定、灵敏、方便控制，是一种十分高效率的能源转换装置。在小型航模、微型四旋翼飞机上广泛应用。空心杯电机如图 3.4.4 所示。

(5) 无刷电机

无刷直流电机，在结构上与有刷电机的结构相反，有刷电机的转子是线圈绕组，与动力输出轴相连，定子是永磁磁钢。无刷电机的转子是永磁磁钢，连同外壳一起和输出轴转动。无刷直流电机是将有刷电机的机械换向器替换为电子换向器，所以无刷直流电机既具有直流电机良好的调速性能等特点，又具有交流电机结构简单、无换向火花、运行可靠和易于维护等优点。无刷电机如图 3.4.5 所示。

无刷电机的基础知识

通过上面电机的介绍，我们认识到了常见的电机，目前最常应用到无人机上的是无刷电机，下面我们来介绍无刷电机的工作原理。

无刷电机主要是由定子和转子组成，定子是线圈绕组电枢，转子是永磁体。无刷电动机的工作原理是：通过实时检测电机转子的相位，根据转子相位给电机通对应的电流，使定子产生方向均匀变化的旋转磁场，转子即可跟着磁场旋转起来。无刷电机原理如图 3.4.6 所示。

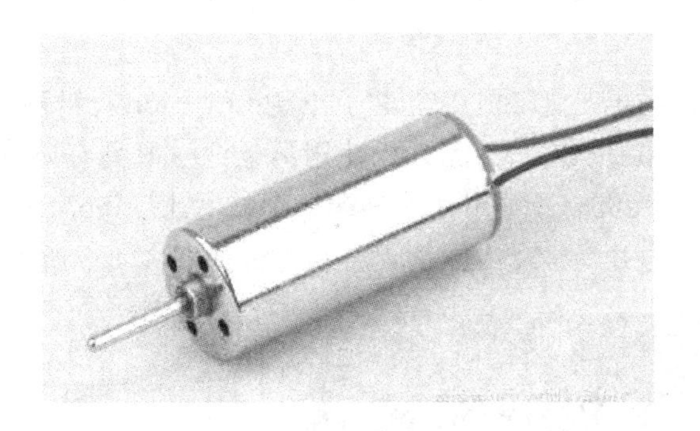

图 3.4.4　空心杯电机

图 3.4.5　无刷电机

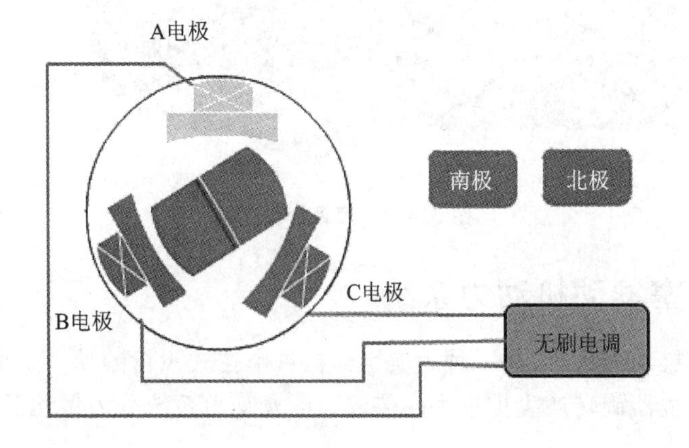

图 3.4.6　无刷电机原理图

3. 电子调速器

电子调速器(Electronic Speed Control)简称电调(ESC),是根据控制信号调节电动机转速的装置。电调根据使用电机的不同,分为有刷电调和无刷电调,但调节原理类似,都是通过单片机控制 MOS 管调节输出电压的大小进行转速的调节。电子调速器如图 3.4.7 所示。

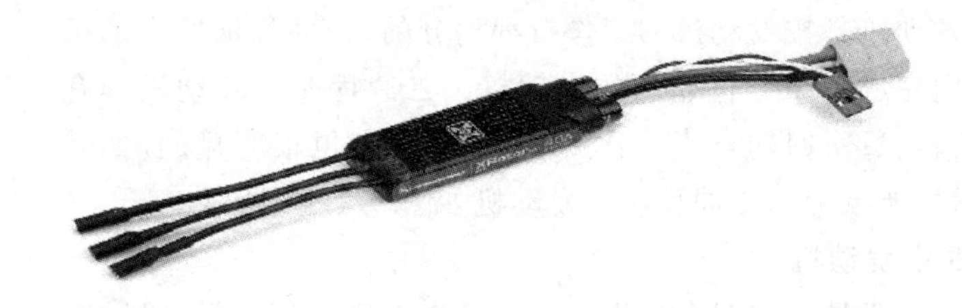

图 3.4.7　电子调速器

最大额定电流:一般电调上会标出电调能够承受的最大电流,如:标有 30 A,即能承受的额定电流不超过 30 A。

最大支持电压:一般电调上会标出电池最大能承受的电池串联数,如:标有 6S Lipo,即支持的锂聚合物电池串联组数不超过 6 组。

4. 电　源

无人机使用的电池类型有:锂聚合物电池(Lipo)、锂离子电池(Li-ion)、铅酸性电池(Pb)、镍镉电池(Ni-Cd)、磷酸锂铁电池($LiFePO_4$)。无人机使用的电池一般具有质量小、储能大、能输出较大的电流等特点。目前无人机上最常用到的是锂聚合物电池(Lipo),单片电芯的锂聚合物电池标称电压为3.7 V,满电电压为4.2 V。锂聚合物电池如图3.4.8所示。

图3.4.8　锂聚合物电池

3.4.2　活塞发动机动力系统

活塞航空发动机动力系统,是一种为航空器提供牵拉式飞行的动力系统,活塞发动机是带动空气螺旋桨的推进器旋转产生推进力的装置。活塞动力系统分为做功系统、供油系统、点火系统。

1. 活塞发动机的组成

活塞发动机主要由汽缸、活塞、连杆、曲轴、气门机构、机匣等构成。活塞发动机内部结构如图3.4.9所示。

2. 活塞发动机的分类及性能特点

(1) 二冲程航空发动机

二冲程航空发动机是按发动机的工作行程划分的,二冲程活塞发动机是指在两个行程内完成一个工作循环的发动机。二冲程航空发动机具有结构简单、重量较轻、每次回转点火一次等特点,但缺点也很明显的,如燃烧不充分、造成污染严重等。二冲程航空发动机如图3.4.10所示。

活塞发动机
结构简介

(2) 四冲程航空发动机

四冲程航空发动机是指在四个行程内完成一个工作循环的发动机,以汽油和润滑油按照一定比例混合调制后作为发动机的燃料。四冲程航空发动机具有工作可靠性高、功率大、有利于发动机增压、良好的高空性能等特点。但结构复杂、体积较大、保养难度大。四冲程航空发动机如图3.4.11所示。

(3) 甲醇发动机

甲醇发动机是指以甲醇为主要燃料的发动机。甲醇发动机与普通活塞发动机结构略有不同,其主要由化油器、缸体、曲轴箱、飞轮、离合器、点火器、启动器等部件构成。甲醇发动机如

图 3.4.12 所示。

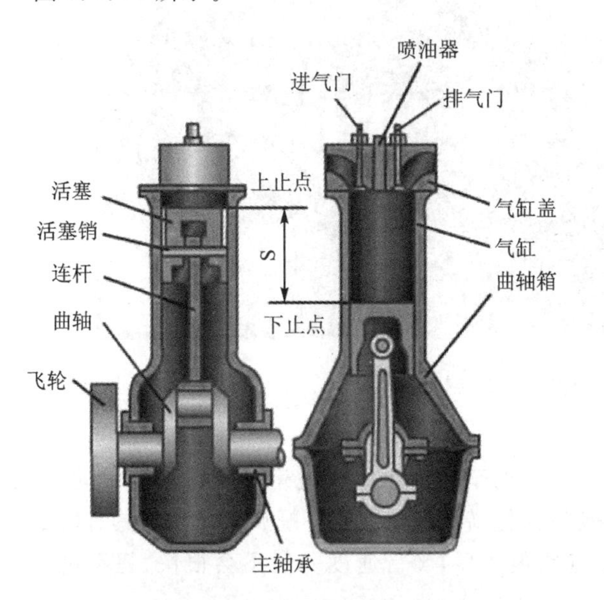

图 3.4.9 活塞发动机的内部结构

图 3.4.10 二冲程航空发动机

图 3.4.11 四冲程航空发动机

图 3.4.12 甲醇发动机

3.4.3 燃气涡轮动力系统

燃气涡轮发动机，从刚开始研制出来就被广泛地应用到航空领域。现在已被广泛应用在了军事无人机上，主要作为固定翼无人机、无人直升机的动力装置。燃气涡轮发动机弥补了活塞发动机的动力不足问题，比活塞发动机系统更适合中高空飞行。

1. 燃气涡轮发动机的分类

(1) 涡轮喷气发动机

涡轮喷气发动机是燃气涡轮发动机中出现最早的，具有推力大、重量轻、适合高空高速飞行等优点。正是喷气发动机的出现，才使飞机“音障”问题得以解决，才实现了超音速的飞行。但缺点也显而易见，耗油量大、能量损失较大。涡轮喷会式发动机如图 3.4.13 所示。

图 3.4.13　涡轮喷气发动机

(2) 涡轮螺旋桨发动机

涡轮螺旋桨发动机是用来带动螺旋桨旋转产生的牵引力驱动飞机运动而得名的发动机，涡轮螺旋桨发动机的出现克服了涡轮喷气发动机油耗高的问题。涡轮螺旋桨发动机具有能量损失小、机械效率高、耗油量较小等优点。缺点也很明显，飞行速度一般不会很快，超不过音速。涡轮旋桨发动机如图 3.4.14 所示。

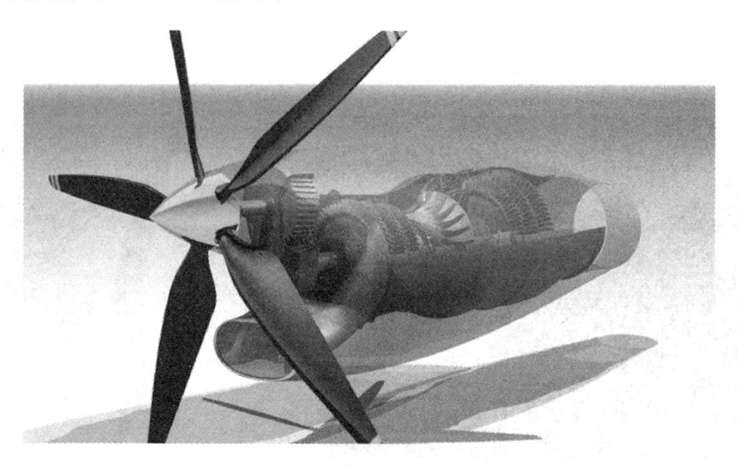

图 3.4.14　涡轮螺旋桨发动机

(3) 涡轮风扇发动机

涡轮风扇发动机是由尾喷管排出的燃气和风扇加速的空气共同产生推力的发动机，具有喷气速度小、噪声低、耗油量较小等优点。但由于高涵道比的涡轮风扇发动机迎风面积较大、喷气速度较小、一般不适宜超音速飞行。涡轮风扇发动机如图 3.4.15 所示。

(4) 涡轮轴发动机

涡轮轴发动机输出的轴功率通过减速器减速并转向，驱动旋翼旋转。在工作和构造上，涡轮轴发动机同涡轮螺旋桨发动机很相近，都由涡轮风扇发动机的原理演变而来，只不过后者将风扇变成了螺旋桨，而前者将风扇变成了直升机的旋翼。除此之外，涡轮轴发动机也有自己的特点：一般装有自由涡轮，不带动压气机，有专门输出功率用的涡轮。涡轮轴发动机主要用在直升机和垂直或短距起落飞机上。涡轮轴发动机如图 3.4.16 所示。

涡轮风扇发动机
工作原理简介

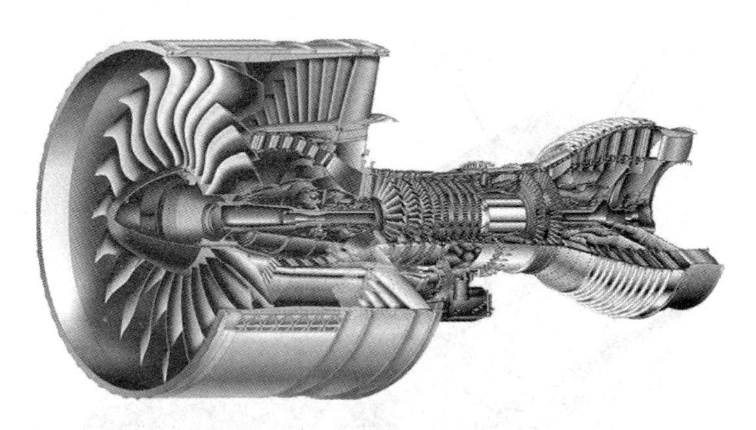

图 3.4.15　涡轮风扇发动机

图 3.4.16　涡轮轴发动机

3.4.4　火箭推进动力系统

火箭发动机是指利用冲量原理产生推力的喷气发动机，基本原理是燃料在火箭发动机内部转化为工作介质的动能、形成高速射流排出，根据作用力与反作用力的原理，产生推力。火箭推进动力系统主要由点火系统、燃烧室、喷管、燃料输送系统、壳体等组成。按照使用燃料的不同，可分为：固体火箭发动机和液体火箭发动机。

(1) 固体火箭发动机

固体火箭发动机是指使用固体推进剂的化学火箭发动机，固体推进剂有聚氨酯、聚丁二烯、端羟基聚丁二烯、硝酸酯增塑聚醚等。固体火箭发动机具有构造简单、重量较轻、不需经常维护等特点。推力的控制是由固态燃料和氧化剂量的大小来决定的，因此推力的大小较难控制，并且如果中断燃烧后，很难重新点燃。固体火箭推进系统如图 3.4.17 所示。

(2) 液体火箭发动机

液体火箭发动机是指使用液体推进剂的化学火箭发动机，常用的液体燃烧剂有液氢、煤油、偏二甲肼等。液体火箭发动机具有推力范围大，可控制推力大小，可长时间工作，可实现反复等特点。缺点是结构复杂，可靠性较差，液体推进剂需要加注，维护复杂等。

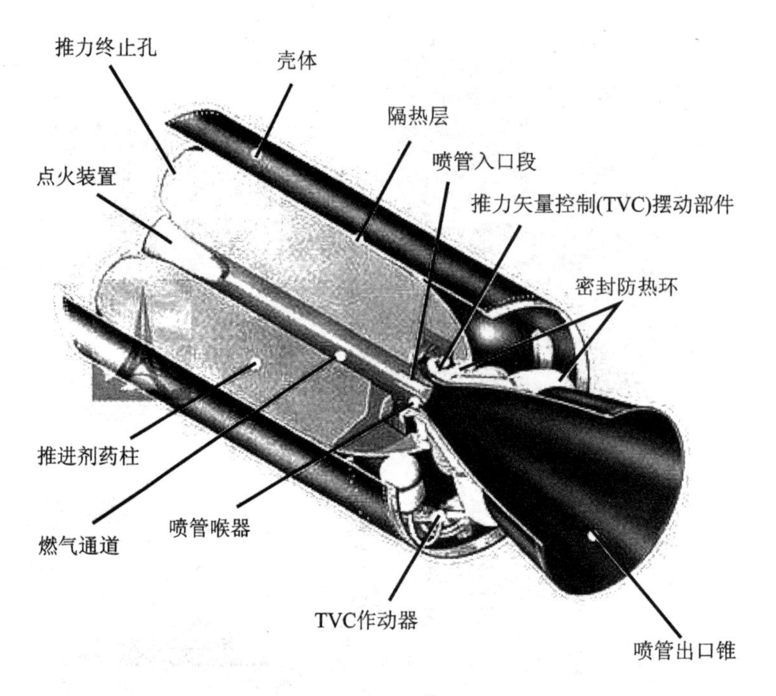

图 3.4.17　固体火箭推进系统

知识点总结

本章主要介绍了无人机飞行系统，包括动力系统、通信系统和导航系统等，通过本章节的学习，希望学生能够深入理解无人机系统的工作原理及过程，本章知识点思维导图如图 3 所示。

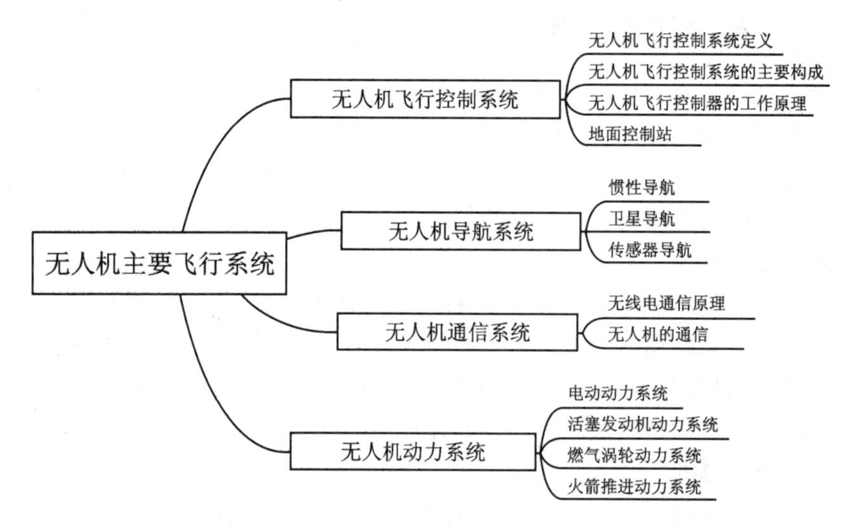

图 3　知识点思维导图

思考题

1. 无人机的主要飞行系统有哪些?
2. 简述无人机飞控系统的组成。
3. 无人机的导航方式有哪些?
4. 简述无人机不同导航方式的原理。
5. 无人机通信的方式有几种? 通信原理各是什么?
6. 简述无线电通信的原理。
7. 无人机上用到的动力系统有哪些?
8. 无人机不同的动力系统对应的不同飞行环境有什么区别?
9. 简述无人机电动动力系统的工作原理。
10. 简述无人机活塞发动机动力系统的工作原理。

第4章　无人机飞行环境及飞行原理

本章主要介绍无人机飞行环境和飞行原理，无人机是在大气中实现飞行的，首先应该先了解气象的一些基本知识，气象对于无人机来说是非常重要的，一些恶劣的天气会对无人机的飞行产生不利的影响。

无人机飞行原理是无人机学习中比较重要的知识点，本章主要阐述了空气动力学的基本知识，如连续性原理、伯努利定律等；还依次通过介绍固定翼、多旋翼、无人机直升机来分别说明无人机是怎样产生升力来实现安全飞行的。

4.1　无人机飞行环境

本节主要介绍大气的结构、成分以及气象对无人机的影响，为无人机飞行原理的学习做准备。同时该部分知识也能让大家对我们熟悉的天气情况有深入的了解。另外学习本部分知识时应该结合无人机实际飞行情况进行分析，灵活运用。

4.1.1　大气层成分与结构

大气层又称大气圈，是地球最外部的气体圈层，包围着海洋和陆地。大气为地球生命的繁衍、人类的发展提供了环境，大气不停地运动与变化呈现出各种各样的天气现象。

大气成分是指组成大气的各种气体和微粒，包括干洁空气，水蒸气，尘埃等。大气的化学成分一般指干洁空气的化学成分，按照各气体体积所占百分比大小依次为氮气 N_2(78.1%)、氧气 O_2(20.9%)、稀有气体(1%)，稀有气体包括氩气、氦气、氖气、氪气、氙气等。

整个大气层的厚度相当大，从垂直方向来观察，不同高度层的空气性质是不同的，所以依据大气层气温的垂直分布，把大气层分为对流层、平流层、中间层、热层和散逸层，再往上是星际空间，大气层结构如图 4.1.1 所示。

1. 对流层

对流层位于大气层的最底层，从地球的表面开始向空中延伸，直至达到对流层的顶部，即为平流层的起点。平均厚度约为 12 km，在不同的纬度地区，它的厚度不一。低纬度地区对流层高度为 17～18 km，中纬度地区对流层高度为 10～12 km，高纬度地区对流层高度为 8～9 km。在相同纬度地区对流层高度夏季大于冬季，因此，对流层的高度也与天气变化有关。对流层主要适用于无人机飞行，也是天气现象的形成区域。

对流层特点如下：

① 温度随高度的增加而降低，平均而言每升高 100 m，气温下降 0.65 ℃，这称为气温垂直递减率，也叫气温垂直梯度。

② 有强烈的垂直对流运动和不规则的乱流运动。

③ 气象要素水平分布不均匀，状态变化迅速。

2. 平流层

平流层也称同温层，位于对流层之上，中间层之下。在不同纬度地区平流层的高度也是不

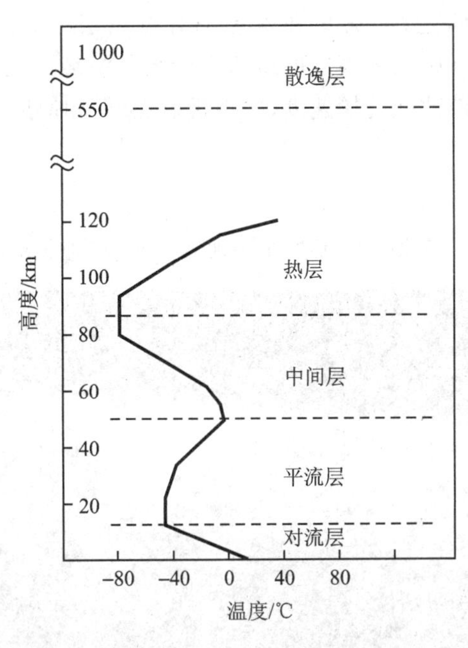

图 4.1.1　大气层结构

同的，在中纬度地区，平流层位于离地表 10～50 km 的高度，而在极地地区，平流层位于离地表 8 km 左右。平流层主要适用于民航飞机飞行，平流层图如图 4.1.2 所示。

平流层特点如下：

① 平流层下半部分温度随高度增加变化不大（也称为“同温层”），而上半部分温度随高度增加得以迅速增高，原因是此处含有的大量臭氧可直接吸收太阳辐射升温。

② 平流层内气流比较平稳，空气的垂直混合作用显著减弱。

③ 水汽和尘埃含量极少，晴朗无云，很少发生天气变化，适用于飞机航行。

3. 中间层

中间层是自平流层顶到 85 km 之间的大气层，主要特点包括臭氧含量低、温度垂直递减率大、对流运动强盛、会发生电离情况等。

4. 电离层

电离层又称暖层、热层，从中间层顶到距离地面 500 km 高度之间。电离层如图 4.1.3 所示。

图 4.1.2　平流层

图 4.1.3　电离层

电离层特点：除地球外，金星、火星和木星都有电离层。电离层的范围为从离地面约 50 km 开始一直伸展到约 1 000 km 高度的地球高度大气空域。在电离层中存在相当多的自由电子和离子，能使无线电波改变传播速度，发生折射、反射和散射，产生极化面的旋转并可以被不同程度的吸收。

5. 散逸层

散逸层，又称外层，是电离层顶以上，延伸至距地球表面 1 000 km 处，散逸层如图 4.1.4 所示。

图 4.1.4　散逸层

散逸层特点：温度高可达数千度；大气极其稀薄，其密度为海平面处的一亿分之一。

4.1.2　气象要素

气象要素是表示大气状态的物理量，包括气温、气压、密度、降水、风向、风速、云量、大气湿度等。其中气温、气压和空气湿度是三大基本气象要素。

1. 气　温

大气温度简称气温，是表示大气冷热程度的物理量。空气的冷热程度实际上是空气分子平均动能的表现。当空气获得热量时，空气分子运动速度加快，动能增加，气温也就增加；反之空气失去热量，空气的运动速度减慢，动能减小，气温也就减小。

气温的标定方法有摄氏温度、华氏温度和绝对温度。大多数国家用摄氏温度来表示，单位是摄氏度(℃)；少数国家和地区使用华氏温度，单位是华氏度(℉)。两种单位的换算公式为

$$t_C = (t_F - 32) \times \frac{5}{9} \tag{4.1.1}$$

式中，t_C 为摄氏温度(℃)，t_F 为华氏温度(℉)。

在理论工作研究中常用绝对温度来表示，单位是开尔文(K)。绝对温度和摄氏温度之间的换算公式为

$$T_K = t_C + 273.15 \tag{4.1.2}$$

式中，T_K 为绝对温度，单位为 K。

在大约 11 km 高度以下的大气层内，随着高度增加，大气温度下降，近似线性变化。

2. 气　压

气压是大气压强的简称，是作用在单位面积上的大气压力。气压的国际制单位是帕斯卡，

简称帕，符号是 Pa。一个标准大气压为 1.013×10^5 Pa。

3. 大气密度

大气密度是单位体积内的空气质量，即空气稠密的程度。在飞机飞行的范围内，空气密度随着飞行高度的升高是逐渐减小的。

气压、密度、气温三者的关系如下：

① 开放环境下，气温越高，空气受热膨胀，气压越低，所以气温与气压成反比。

② 高度越高，密度越低，气压越低，空气越来越稀薄，所以密度与气压成正比。

③ 温度升高，气体膨胀，密度变小，所以温度与密度成反比。

4. 降水、风、云量

降水、风、云量等气象要素大多在平流层以下的空气空间内，它们主要反映了大气中空气的运动状况。

(1) 降　水

指从空中降落到地面的液态或固态水，包括雨、雪、雨夹雪、冰雹等。降水量指降水落到地面后（固态降水需融化后），未经蒸发、渗透等在水平面上积聚的深度，降水量以毫米(mm)为单位。

(2) 风

风是空气运动产生的气流，风向是指风的来向。通常用角度表示风向，把圆周分为 360°，北风(N)是 0°(即 360°)，东风(E)是 90°，南风(S)是 180°，西风(W)是 270°。

风速是指单位时间内空气在水平方向运动的距离，最大风速是指某个时间段出现的最大平均风速值，极大风速值是某个时间段内最大瞬时风速，风的等级如表 4－1 所列。

表 4－1　风的等级

级数/级	风速/($m \cdot s^{-1}$)	级数/级	风速/($m \cdot s^{-1}$)
1	0.3～1.5	6	10.8～13.8
2	1.6～3.3	7	13.9～17.1
3	3.4～5.4	8	17.2～20.7
4	5.5～7.9	9	20.8～24.4
5	8.0～10.7	10	24.5～28.4

(3) 云　量

云量是指悬浮在空气中的大量水滴与冰晶组合的可见聚合物。

5. 大气湿度

大气湿度是大气中水汽含量多少的物理量，大气湿度程度与降水、雾等关系密切，大气湿度常用以下物理量表示。

(1) 水汽压与饱和水汽压

水汽和其他气体相同，也存在压力，大气中水汽所产生的压力称为水汽压，它的单位和气压单位相同，也用 Pa 表示。在温度一定的情况下，单位体积空气中的水汽含量也是有一定限度的，如果空气中的水汽含量达到一定的限度，空气就呈饱和状态，这个时间点的空气就称为饱和空气，饱和空气中水汽产生的水汽压就称为饱和水汽压。

(2) 相对湿度

相对湿度是空气中实际水汽压与相同温度下饱和水汽压的比值,相对湿度直接表明了空气距离饱和的程度。

(3) 饱和差

饱和差是在一定温度下,饱和水汽压与实际空气中水汽压之差,饱和差直接表明了空气水汽压距离饱和的程度。

(4) 比　湿

比湿是指在一团湿空气中,水汽质量与该团空气总质量的比值。(注意:这里的水汽质量是水汽质量加上其他空气质量),通常用比湿来反应空气的湿度情况。

(5) 水汽混合比

水汽混合比是指一团湿空气中,水汽的质量与干空气的质量的比值,通常用 y 来表示,单位是(g/g)。

(6) 露　点

露点(Td)是露点温度的简称,表示在空气中水汽含量不变,气压一定的条件下,使空气冷却达到饱和时的温度,单位与温度单位相同。在气压一定时,露点的高低只与空气中的水汽含量有关,水汽含量愈多,露点愈高,所以也可以用露点作为空气中水汽含量的物理量。

4.1.3　气象对飞行的影响

在大气层内气象的变化是多样的,恶劣的气象状况对无人机飞行会造成严重的影响,具体表现在:

气象对无人机飞行的影响

① 温度的高低会对无人机续航能力及部件安全产生影响,温度过高,电池及其他部件容易受到损坏,温度过低会严重影响无人机电池的续航时间。

② 雨、雪、冰雹等天气影响空气湿度,会对无人机硬件部分产生影响,如电机进水、主板受潮等。

③ 大雾、沙尘等天气会降低能见度,也会对无人机飞行产生影响。

④ 风的大小会影响无人机的稳定性,无人机自身的抗风能力也取决于风的等级。

4.2　空气动力学基本知识

本节主要描述了升力的产生、流体原理、三种无人机类型的定义及原理,知识点比较多且复杂,学习本节内容是为了使学生更加深入的了解空气动力学的部分原理,增加知识深度。

4.2.1　连续性定理与伯努利定律

质量守恒定律和能量守恒定律是自然界的两条定律。其中质量守恒定律说明质量既不会消失,也不会凭空增加。能量守恒定律则说明能量不会凭空产生,也不会凭空消失,只能从一种形式转换为另一种形式,但能量的总和保持不变。

1. 连续性定理

连续性定理研究的是流体经过不同截面的通道时流速与横截面积之间的关系。当流体连续不断且稳定地流过粗细不同的管子时，由于在管子的任何部分流体都不能中断或流出，所以流出一根管子和另一个不同横截面积管子的流体质量相等，管道粗的地方流速慢，管道细的地方流速快。流体连续性定理的实质是质量守恒定律在空气流动过程中的应用。

2. 伯努利定律

流体在流动中，流速不仅和管道切面之间互相联系着，流速和压力之间也是互相联系的。在日常生活中有许多案例，如向两片纸间吹起，两纸片不是彼此离开，而是相互靠拢；两条船在水中并行，也会相互靠拢。

伯努利定律原理

伯努利定律阐述的就是流体在流动中流速和压力之间的关系，它是流体流动的另一个很重要的基本规律。空气稳定流动时，主要有四种能量：动能、热能、压力能和重力势能。对于不可压缩、理想的流体来说，流动中不会产生热量，可以不考虑热能的变化；若流体高度变化很小，可认为流体的重力势能不变。这样，参与转换的能量有两种：动能和压力能，因此，在流体流动中只有压力能和动能之间的转换。

所谓动能，就是空气流动所具有的能量。动能与气流速度和空气密度有关，流速越大、密度越大，则空气动能越大。根据能量守恒和转换定律可知，气流稳定地流过一条管道时，如果没有外来能量加入，也没有能量的损失，则动能和压力能的总和不会变化，即

动能＋压力能＝常量

根据能量守恒定律，伯努利方程可表示为

$$P_0 = \frac{1}{2}\rho v^2 + P \tag{4.2.1}$$

式中，P_0 为总压（全压）；$\frac{1}{2}\rho v^2$ 为动压，即流体流动时在流动方向上所产生的压强，它是单位体积空气所具有的动能；P 为静压，即流体流动时其本身实际具有的压强，它是单位体积空气所具有的压力能。在静止的空气中，静压等于当地的大气压。总压是静压和动压之和，可以理解为气流速度减小到零时的静压。

由伯努利方程可以看出：在同一流管的各切面上流体动压和静压之和始终保持不变，这个不变的数值，就是全压。静压大，则动压小；动压小，则静压大，这就是伯努利定律，它是研究气流特性和固定翼无人机上的空气动力产生和变化的基本规律之一。

连续性定理和伯努利定律是空气动力学中两个最基本的规律，它们说明了流管截面积、气流速度和压力这三者之间的关系。综合连续性定理和伯努利定律，可以得到以下结论：流体在变截面管道中流动时，凡是截面面积小的地方，流速就大，压强就小；凡是截面积大的地方，流速就小，压强就大。

4.2.2 升　力

1. 升力的产生

以固定翼飞机为例，飞机飞行时，机翼（平凸型机翼）的前缘触碰到流动的空气时，空气会产生分流，一部分流向机翼的上表面，一部分流向飞机的下表面，上表面的流速快，下表面流速慢。根据伯努利定律，流速快的地

升力产生原理

方压强小，流速慢的地方压强大，所以机翼上下表面会产生一个压力差，即机翼会产生一个向上的力 F，克服重力，托动飞机上升，机翼升力示意图如图 4.2.1 所示。

2. 升力公式

经过实践与理论证明，升力公式如式(4.2.2)。此升力公式是分析飞行问题，进行飞行性能测试最重要的公式。

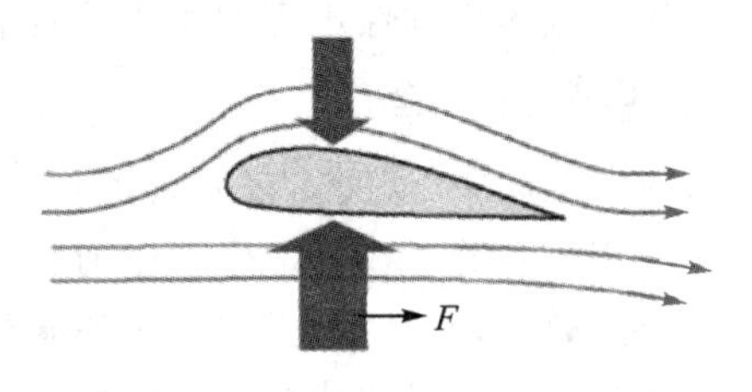

图 4.2.1　机翼升力示意图

$$Y = C_y \frac{1}{2}\rho v^2 S \qquad (4.2.2)$$

式中，Y 为机翼升力，单位为 kg；ρ 为空气密度，单位为 kg/m^3；v 为飞行速度，单位为 m/s；S 为机翼的投影面积，单位为 m^2；C_y 为机翼的升力系数。

通过升力公式可以看出，升力的大小是由空气密度、飞行速度、机翼的投影面积以及升力系数决定的。

4.2.3　阻　力

1. 阻力的产生

阻力是阻碍飞机前进的空气动力，方向与相对气流方向相同，与升力方向垂直。阻力有摩擦阻力、压差阻力、干扰阻力、诱导阻力。

(1) 摩擦阻力

空气流过飞机表面摩擦形成的阻力称为摩擦阻力，摩擦阻力的产生离不开空气的黏性。

(2) 压差阻力

压差阻力是飞机前后压力差形成的阻力，空气在流过飞机时，受机翼前缘阻挡流速慢、压力大，空气流到机翼后部，由于气流分流形成涡流区，压力减小，形成阻碍飞机飞行的压差阻力。

(3) 干扰阻力

当飞机组装起来之后，空气流过飞机各部分时，气流会互相作用、互相干扰，引起一种附加的干扰阻力。

(4) 诱导阻力

诱导阻力是空气流过机翼后缘拖出的尾部涡流所产生的阻力，当空气流过机翼时，下表面的压力大于上表面压力，空气从下表面绕过翼尖部分向上表面流去，使得翼尖部分形成翼尖涡流。

2. 防止阻力增大的措施

(1) 保持飞机表面光洁

飞机的表面光洁程度对摩擦阻力影响很大，据实验表明，如果飞机上存在凹凸不平达到 0.01～0.15 mm，那么这块面积上的摩擦阻力会增加 10%～15%。

(2) 保持飞机的外形完好

飞机的外形大多为流线型设计，这样设计的目的是为了减小压差阻力，如若外形损坏或不完整，会导致气流在此处形成涡流，影响飞机飞行安全。

(3) 保持飞机的密封性

及时检查各设备舱的连接装置,使它们处于完好状态。

4.3　固定翼无人机飞行原理

固定翼是指由动力装置产生推力或拉力,由固定机翼产生升力,重于空气的航空器。

4.3.1　受力分析

固定翼无人机在空气中飞行时,相对空气来说机翼是静止不动的,当空气以一定速度流过机翼时产生分流。按照伯努利定律知,流速快的地方压力小,流速慢的地方压力大,会形成上下表面的压力差,因此便产生了升力。

固定翼受力分析

固定翼无人机在飞行中受到的力有:重力(W)、阻力(D)、升力(L)、推力(P)。

1. 平　飞

平飞是飞机保持飞行高度和飞行速度不变的直线飞行。为了保持飞行速度不变就要保证阻力与推力平衡,为了保持飞行高度不变就要保证重力与升力平衡。所以固定翼飞机无人机在平飞时受力为 $L=W$,$P=D$,如图 4.3.1 所示。

2. 上　升

固定翼无人机在上升过程中受到重力、阻力、升力、推力的作用,受力分析如图 4.3.2 所示。

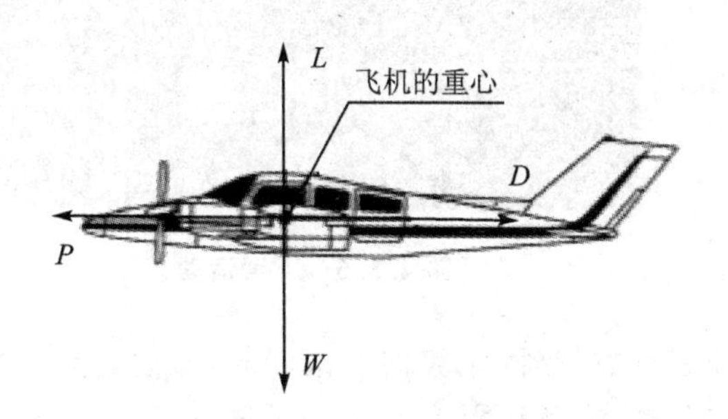

图 4.3.1　平飞受力分析

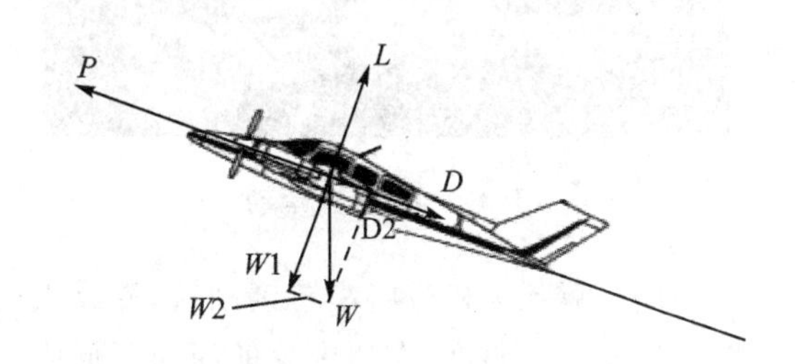

图 4.3.2　上升受力分析

重力不是和飞机运动方向垂直的,重力分为两个分力,一个为垂直于运动方向的力 $W1$,另一个为平行于运动方向的力 $W2$。平行于运动方向的力与空气阻力一起阻碍飞机上升,所以要保证固定翼飞机处于上升状态,升力要等于重力的分力 $W1$,拉力要等于平行于飞机运动方向的力 $W2$ 与阻力。

3. 下　滑

固定翼无人机在下滑过程中受到重力、阻力、升力、推力的作用,受力分析如图 4.3.3 所示。

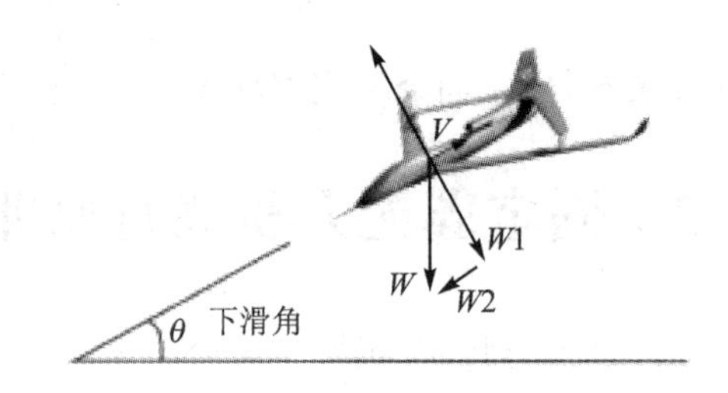

图 4.3.3 下滑时的受力分析

重力分为垂直于运动方向的力 $W1$ 和平行于运动方向的力 $W2$。在飞机下滑时受力分析为：为保持飞行的下滑运动方向不变，升力应该与重力的分力 $W1$ 相等，阻力与重力的分力 $W2$ 相等。

4.3.2 运动原理

固定翼无人机运动方向有上升运动、下降运动、滚转运动、偏航运动，这些运动都是通过螺旋桨产生推力及舵面共同控制实现的。

固定翼无人机进行上升运动时，螺旋桨转动产生向后的推力，同时向下拉升降舵使水平尾翼的舵面向上形成固定的角度，会使飞行尾部受到一个下压的力，飞机抬头，结合螺旋桨推力，飞机做上升运动，如图 4.3.4 所示。

固定翼无人机进行下滑运动时，操纵人员收油门，螺旋桨产生的推力减小，飞机各个舵面处于正常状态，同时为了使飞机不会猛着陆，要进行拉升降舵保证飞机下滑速度，如图 4.3.5 所示。

图 4.3.4 上升运动

图 4.3.5 下滑运动

固定翼无人机进行滚转运动时，操纵人员控制副翼，当固定翼向左滚转时，左边副翼舵面向上形成一定角度，右边副翼舵面向下形成一定角度，右侧机翼升力大于左侧升力，飞机向左滚转。当固定翼向右滚转时，右边副翼舵面向上形成一定角度，左边副翼舵面向下形成一定角度，左侧机翼产生的升力大于右侧，飞机向右滚转，如图 4.3.6 所示。

固定翼无人机进行偏航运动时，操纵人员操纵方向舵，当向左偏航时，垂直尾翼舵面向左偏离一定角度，风流过舵面时会产生一个力向右推动飞机尾部，使固定翼机头向左偏航。当向右偏航时，垂直尾翼舵面向右偏离一定角度，风流过舵面时会产生一个力向左推动飞机尾部，使固定翼机头向右偏航，如图 4.3.7 所示。

图 4.3.6　滚转运动

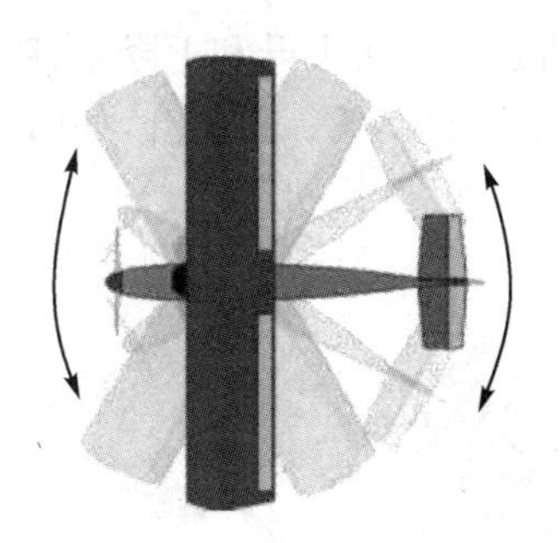

图 4.3.7　偏航运动

4.4　多旋翼无人机飞行原理

多旋翼无人机是一种具有三个及以上旋翼轴的无人驾驶旋翼飞行器，其通过每个轴上的电动机转动，带动旋翼，从而产生推力。多旋翼的总距固定，不像一般直升机那样可变。通过改变不同旋翼之间的相对转速，可以改变单轴推进力的大小，从而控制飞行器的运行轨迹。

4.4.1　受力分析

多旋翼无人机是由每个轴的电机旋转带动螺旋桨产生升力，依靠多旋翼整体产生的升力来平衡自身的重力，当整个多旋翼产生的升力等于多旋翼自身的重力时，无人机会处在悬停状态，如图 4.4.1 所示。

图 4.4.1　多旋翼无人机的悬停

4.4.2　运动原理

多旋翼无人机的运动方式有垂直运动、滚转运动、俯仰运动、偏航运动。以四轴 X 型多旋翼无人机为例，四轴 X 型多旋翼无人机是控制四个电机的转速来实现飞行的。为了保证四旋翼无人机飞行平衡，四个电机的转向分别为：1 号电机逆时针旋转、2 号电机顺时针旋转、3 号电机逆时针旋转、4 号电机顺时针旋转，如图 4.4.2 所示。多轴飞行器(大于四轴)电机转向以此类推，逆时针英文简称 CCW，顺时针英文简称 CW。

1. 垂直运动

垂直运动分为上升和下降，当四旋翼无人机上升时，四个电机加速，高速旋转带动螺旋桨产生向上的升力，无人机上升，如图 4.4.3 所示；当四旋翼无人机下降时，四个电机减速，四旋翼的升力减小，无人机下降。

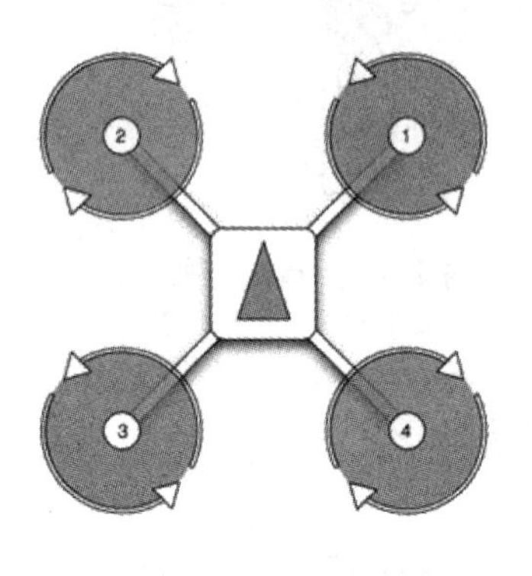

图 4.4.2 电机旋转方向

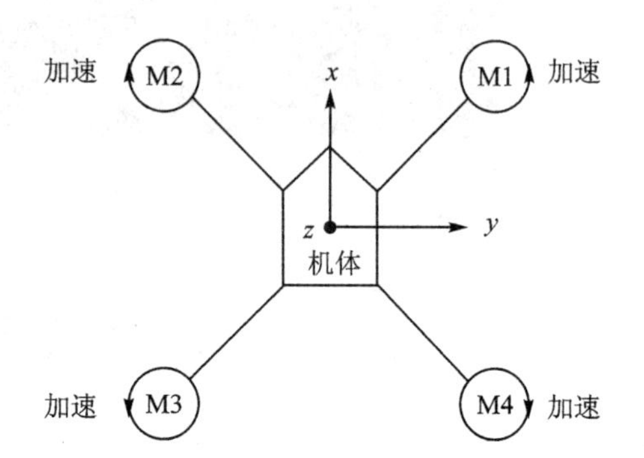

图 4.4.3 垂直运动

2. 滚转运动

滚转运动分为向左滚转和向右滚转，当四旋翼无人机向左滚转时，2 号和 3 号电机转速降低，1 号和 4 号电机转速增加，左侧升力小于右侧升力，无人机向左运动；当四旋翼无人机向右滚转时，1 号和 4 号电机转速降低，2 号和 3 号电机转速增加，右侧升力小于左侧升力，无人机向右运动，如图 4.4.4 所示。

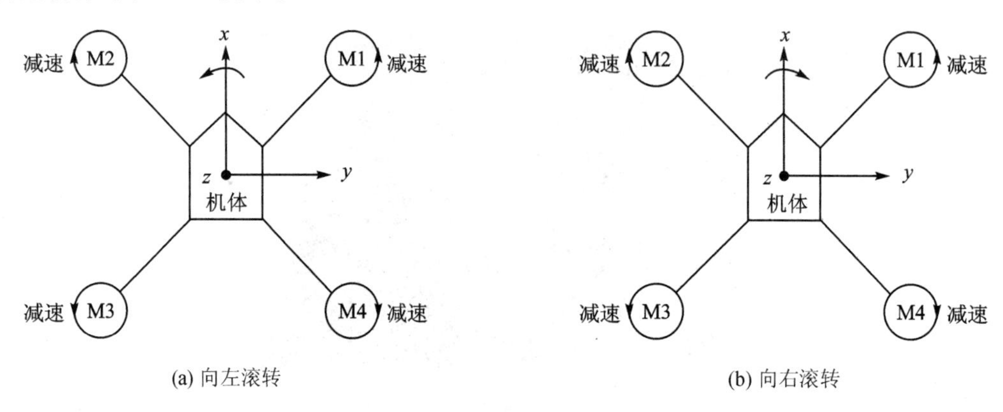

(a) 向左滚转　　(b) 向右滚转

图 4.4.4 滚转运动

3. 俯仰运动

俯仰运动分为向前和向后运动，当四旋翼无人机向前运动时，1 号和 2 号电机转速降低，3 号和 4 号电机转速增加，飞机前侧升力小于后侧升力，无人机向前运动；当四旋翼无人机向后运动时，3 号和 4 号电机转速降低，1 号和 2 号电机转速增加，飞机后侧升力小于前侧升力，飞机向后运动，如图 4.4.5 所示。

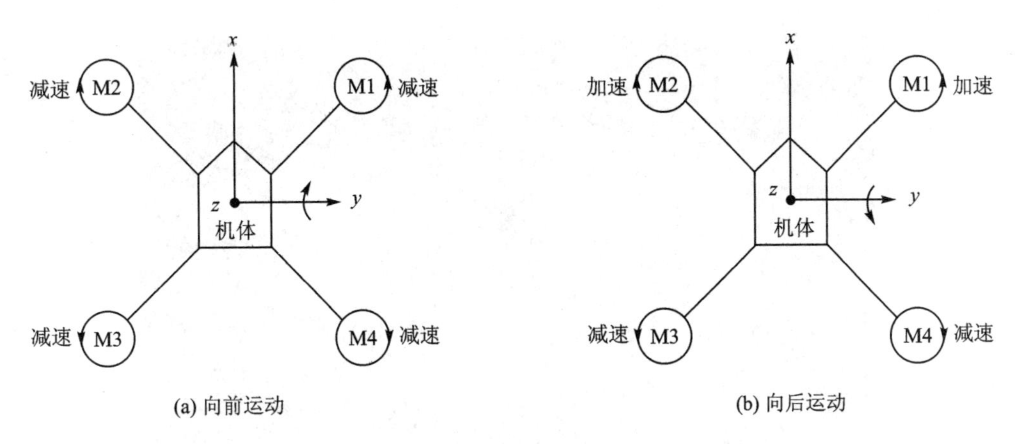

图 4.4.5　俯仰运动

4. 偏航运动

偏航运动分为向左偏航和向右偏航，当四旋翼飞机向左偏航时，2 号和 4 号电机转速增加，1 号和 3 号电机转速减小，逆时针的反扭矩大于顺时针的反扭矩，所以四旋翼飞机向左偏航；当四旋翼飞机向右偏航时，1 号和 3 号电机加速，2 号和 4 号电机减速，顺时针的反扭矩大于逆时针的反扭矩，所以四旋翼飞机向右偏航，如图 4.4.6 所示。

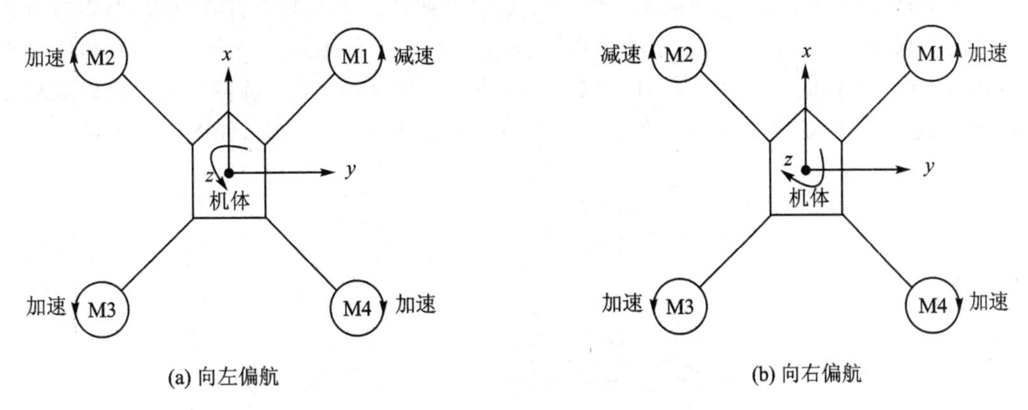

图 4.4.6　偏航运动

4.5　无人直升机飞行原理

无人直升机是指有无线电地面遥控或自身控制系统操纵的可垂直起降的不载人飞行器，如图 4.5.1 所示。无人直升机在结构类型上属于旋翼飞行器，在功能上属于垂直起降飞行器。随着各种飞控技术的发展和各种材料的成熟，无人机直升机得到了快速发展和广泛应用，成为人们日益关注的焦点。

无人直升机受力分析

图 4.5.1　无人直升机

4.5.1　受力分析

1. 垂直飞行

在桨叶速度保持不变时,增加桨叶迎角可以增大垂直方向上的升力和拉力,所以直升机在受到力的时候会上升,相反,减小桨叶迎角直升机会下降。在无风的情况下,升力和拉力小于重力和阻力时,直升机会下降。升力和拉力大于重力和阻力时,直升机会上升。所以如果要保证直升机垂直上升,必须要产生更多的升力和拉力来克服重力和阻力,如图 4.5.2 所示。

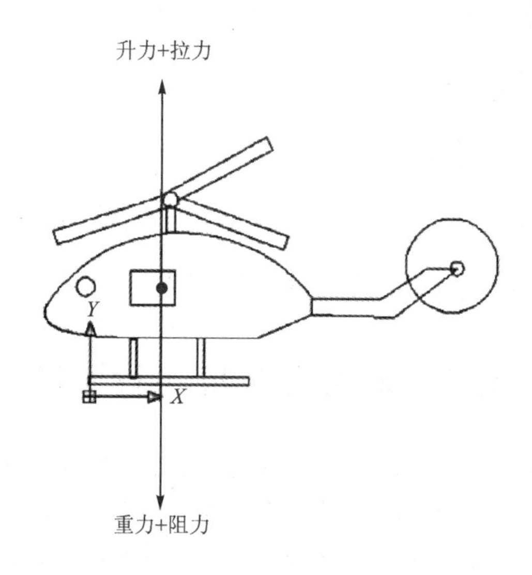

图 4.5.2　垂直飞行受力分析

2. 前　飞

在直升机前飞时,旋翼旋转产生的面向前倾斜,旋翼拉力可以分解为垂直向上的力和作用在水平飞行方向上的力。同时还有重力和阻力,重力可以理解为向下作用的力,阻力可以理解为向后作用的力或风阻力，如图 4.5.3 示。

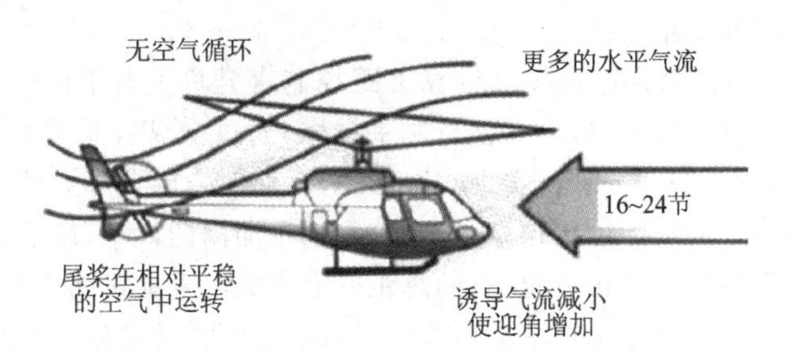

图 4.5.3　前飞受力分析

3. 侧飞、倒飞

直升机在侧飞时，旋翼旋转产生的旋转面会向侧向倾斜，拉力也就会倾斜，但是重力还是垂直向下，升力还是垂直向上。但是水平方向的分力和推力为侧向，同时并伴有反方向的阻力，如图 4.5.4 所示。直升机倒飞时，旋翼旋转转生的旋转面会向后倾斜，拉力也会向后倾斜，同理重力还是垂直向下，升力垂直向上，阻力向前。

4. 转　弯

直升机前飞时，桨盘会向前倾斜；直升机飞行带有坡度时，桨盘会向侧向倾斜，导致升力分为两个分量。升力垂直向上与重力方向相反的分量称为升力的垂直分量；水平方向与惯性力方向相反称为升力的水平分量。随着水平方向升力的增加，总升力会向侧向倾斜，升力在垂直方向上的力会减小，同时转弯速率增加。升力垂直向上的力减小了，必须要增加桨叶迎角保证升力。随着迎角的不断增加，总升力增加，水平方向的分力也会增加，转弯速率也会变大，转弯受力分析如图 4.5.5 所示。

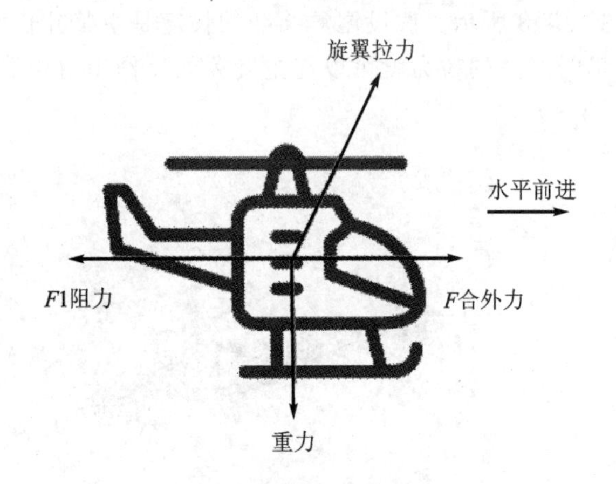

图 4.5.4　侧飞受力分析

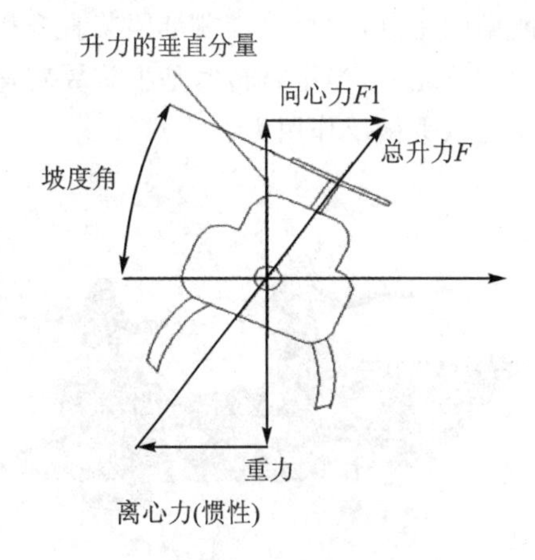

图 4.5.5　转弯受力分析

4.5.2　操纵原理

1. 操纵方式

操纵机构通过控制旋翼和尾桨就可以实现使无人直升机上升、下降、悬停、前飞、侧飞以及转弯等，实际上无人直升机的操纵机构主要是针对旋翼和尾桨的。无人直升机的主要操纵方式包括总距操纵和周期变距操纵。

① 总距操纵：总距操纵为通过操纵旋翼桨距控制直升机上升下降。在载人直升机中，总距杆通常位于驾驶员座椅的左方，由驾驶员左手操纵，通过操纵线系与自动倾斜器连接，通过自动倾斜器来控制所有桨叶的迎角，实现桨叶变距，从而改变旋翼升力的大小。有的总距操纵杆的手柄上设置旋转式油门操纵机构，用来调节发动机油门的大小，使发动机输出功率与旋翼桨叶变距后的旋翼需用的功率相适应；有的总距杆上集成了发动机功率控制器，可根据旋翼桨叶变距情况自动对发动机的输出功率进行调整；因此，总距杆又被称为总距油门杆。

② 周期变距：在旋翼旋转的过程中，旋翼经过 0°、90°、180°、270°时的桨距是不同的，旋翼旋转一圈为一个周期变化，在飞行过程中一直循环。周期变距操纵方式通过操纵线系与自动倾斜器连接，通过自动倾斜器来实现对旋翼椎体倾斜方向的控制。

2. 运动原理

无人直升机旋翼提供升力的原理同固定翼无人机类似，只不过将平飞固定的机翼换成了旋转的旋翼，通过数量不等的几片桨叶高速旋转产生升力带动机体升空。旋翼的横截面也具有同固定翼机翼类似的气动外形，上表面圆弧、下表面较为平直。根据伯努利定律可知，高速旋转后使得相同时间内旋翼上表面的气流流速快于下表面流速，流速快的地方压力小，流速慢的地方压力大，导致旋翼上压强低于旋翼下压强，空气从气压高的地方流向气压低的地方。因此产生向上升力，拉动机体上升。

根据牛顿第三定律，当旋翼高速旋转时会对机体产生一个反作用力矩，如果只有一个旋翼，机体会不受控制的反方向转圈。大家为了解决这个问题，采用了两个大小相等转速相反的旋翼，不管是前、后、左、右排列，还是异轴双桨（见图 4.5.6）、共轴双桨（见图 4.5.7），都可以抵消相互之间的反作用力，令直升机体保持平稳。然而最简单的办法就是在机尾安装一个朝向侧面的尾翼，比如单旋翼带尾桨直升机，如图 4.5.8 所示。假设尾翼桨叶的长度是主桨叶长度的六分之一，当尾翼转速是主旋翼转速的六倍时产生的拉力就可以与主旋翼的反作用力相等，就可以平衡反作用力。

图 4.5.6 异轴双桨

图 4.5.7 共轴双桨

无人直升机的运动方式有上升下降运动、纵向横向运动、偏航运动。

① 上升下降运动：增大油门或减小油门时，操纵线系使自动倾斜器的旋转环和不旋转环一起沿着旋翼轴向上或向下移动。同样由于旋转环同桨叶的变距铰之间有固定长度的拉杆相

图 4.5.8　单旋翼带尾桨无人直升机

连，所以自动倾斜器的上下移动会导致桨叶的桨距增大或减小，使得旋翼的升力增加或减小。简单来说，上提总距杆，桨叶的桨距和动力输出功率增加，旋翼升力增加，无人直升机上升；下放总距杆，桨叶的桨距和动力输出功率减小，旋翼升力减小，无人直升机下降。

② 纵向横向运动：操纵副翼杆或升降杆，操纵线系或液压助力装置使自动倾斜器的旋转环和不旋转环一起向相应的方向倾斜。由于旋转环同桨叶的变距铰之间有固定长度的拉杆相连，所以自动倾斜器的倾斜会导致桨叶的桨距发生周期变化，使得旋翼空气动力不对称，旋翼椎体将向相应方向倾斜，旋翼的拉力矢量方向也向相应方向倾斜，这样就达到操纵直升机横向和纵向飞行的目的。

③ 偏航运动：操纵方向舵时，操纵线系与尾桨连接，实现对尾桨的变距，控制尾桨桨叶的桨距，改变尾桨的“拉力”或“推力”。尾桨的构造同旋翼相似，不过比旋翼要简单得多，尾桨没有自动倾斜器，也不存在周期变距问题。所以操纵方向舵改变尾桨产生力的方向，直升机就会向操纵方向偏航。

知识点总结

本章主要讲述了大气的基本知识、无人机的飞行原理以及空气动力学部分知识，意为提高学生的知识深度，扩大知识范围。通过学习本章节，可以使学生更好地了解无人机的飞行原理，为以后无人机专业的学习打下更坚实的基础，本章知识点思维导图如图 4 所示。

思考题

1. 六旋翼无人机的六个螺旋桨旋转方向分别为？
2. 大气层的成分中含量最多的是什么？
3. 伯努利定律中，流速快的地方压力________，流速慢的地方压力________。
4. 飞机的阻力主要有哪些？
5. 通常没有云、雨、雾、雷等现象且能见度好、阻力小、对飞行有利的是大气层是什么层？
6. 气象要素有哪些？

7. 飞机产生升力的原理是什么？
8. 简述升力公式及各项意义。
9. 简述平流层的气温变化。
10. 简述多旋翼无人机的飞行原理。

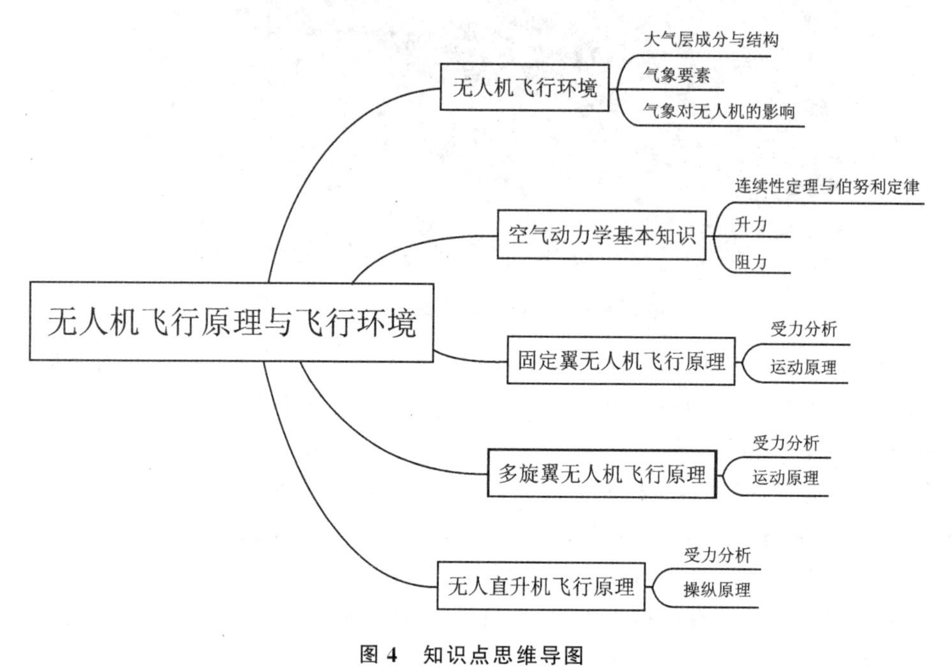

图 4　知识点思维导图

第5章 无人机法律法规及飞行管理

本章重点介绍目前无人机领域相关的法律法规及飞行管理内容，使学生做到心中有法、遵纪守法，做一名合格的无人机飞手。同时也介绍了无人机驾驶员执照考试的内容及程序。

无人机作为航空器家族分支之一，其飞行安全管理及法律法规同样重要，且内容与其他航空器法律法规有相通之处。同时，无人机作为一种无人驾驶的航空器，在安全冗余设计、生产、应用等方面又与其他航空器存在较大的差别，所以其飞行安全管理及法律法规又有其特殊之处。

无人机黑飞事件

5.1 中国无人机相关法规体系

本节内容，旨在使学生了解目前我国无人机法律法规发展情况及法律法规体系，并对《无人驾驶航空器飞行管理暂行条例（征求意见稿）》和《轻小无人机运行规定（试行）》法规进行深入解读。

无人机作为一种新兴的高科技产业，其相关法律法规的出台相对滞后，但近几年随着无人机产业的快速崛起，国家也陆续出台了一系列监管文件和标准文件，诸多法律法规文件也处于征求意见与试行阶段。

截至到本书编写时，我国出台的主要无人机监管文件及标准文件如表5-1所列。

表5-1 中国无人机相关法规文件

文件名称	发文日期	备 注
《无人驾驶航空器飞行管理暂行条例（征求意见稿）》	2018.1.26	
《轻小无人机运行规定（试行）》	2015.12.29	
《民用无人机空中交通管理办法》	2009.6.26	废止
《民用无人驾驶航空器系统空中交通管理办法》	2016.9.21	
《中南地区民用无人驾驶航空器系统空中交通管理评审规则（试行）》	2018.2.24	
《民用无人驾驶航空器系统驾驶员管理暂行规定》	2013.11.18	废止
《民用无人机驾驶员管理规定》	2016.7.11	
《民用无人驾驶航空器实名制登记管理规定》	2017.5.16	
《无人驾驶航空器系统标准体系建设指南（2017—2018年版）》	2017.6.6	
《无人机围栏》	2017.10.20	
《无人机云系统接口数据规范》	2017.10.20	

下面对《无人驾驶航空器飞行管理暂行条例（征求意见稿）》文件内容进行介绍并简要解读。

1. 条例内容

《无人驾驶航空器飞行管理暂行条例（征求意见稿）》共分为总则、无人机系统、无人机驾驶员、飞行空域、飞行运行、法律责任和附则7个部分。

各部分主要内容如下：

(1) 总　则

包括制定本条例的目的，管理对象、依据、原则，无人驾驶航空器定义和管理主体等。

(2) 无人机系统

无人机的分级分类标准：将无人机分为两级、三类、五型。两级，按执行任务性质，将无人机分为国家和民用两级；三类，按飞行管理方式，将民用无人机分为开放类、有条件开放类和管控类；五型，按飞行安全风险，以重量为主要指标，结合高度、速度、无线电发射功率和空域保持能力等性能指标，将民用无人机分为微型、轻型、小型、中型和大型。

无人机系统的相关管理规定包括无人机生产、销售、登记、商业活动、身份标识，无线电、第三者责任险、进出口和无人机反制等方面的管理办法。

(3) 无人机驾驶员

无人机驾驶员的相关管理规定包括无人机驾驶员年龄、培训及持证要求，身份和资质查验等内容。

(4) 飞行空域

无人机飞行空域的划设及管理规定包括无人机飞行空域划设原则、微型无人机禁飞空域、轻型无人机管控空域、轻型无人机空域申请、隔离空域申请和使用等方面的内容。

(5) 飞行运行

无人机飞行运行的相关管理规定包括综合监管平台的建立、飞行计划申请、飞行间隔、无人机避让，敏感区域飞行和飞行安全责任主体等方面的内容。

(6) 法律责任

无人机法律责任的相关管理规定包括违反适航管理规定、备案规定、实名登记规定、出入境规定、持证飞行规定和禁飞区飞行规定的处罚措施。

(7) 附　则

本条例的相关法律法规包括《中华人民共和国民用航空法》《中华人民共和国飞行基本规则》《通用航空飞行管制条例》《中华人民共和国无线电管理条例》及其他相关法律法规。

2. 条例解读

为实现对无人驾驶航空器的依法管理，国务院、中央军委空中交通管制委员会办公室（简称国家空管委）于2018年年初面向社会公开征求意见，组织起草了《无人驾驶航空器飞行管理暂行条例（征求意见稿）》。

该条例的出台是为了规范无人驾驶航空器的飞行及相关活动，从而维护国家安全、公共安全、飞行安全，促进无人机行业健康可持续发展。该条例明确了目前无人机及相关系统的定义、分级，以及无人机运行环境、驾驶人员、运行方式、法律责任等，为无人机的运行提供了基本标准，本条例能够适用于目前大多数的无人机飞行任务。本条例主要回答了以下几个问题：

① 无人机到底如何分类。条例的管理对象全面覆盖各类无人机，范围由250 g以下至150 kg以上，包含民用、警用、军用等不同类别的无人机。条例明确了万遥控驾驶航空器和自主航空器统称无人机。根据重量、速度等因素，无人机被分为五大类：微型、轻型、小型、中型、大型。细化分类的目的在于精细化管理，对小型及以上的产品加强监管，对普通群众最常使用的微型、轻型产品尽量放宽限制，管理兼顾开放。条例明确了中型、大型无人机应当进行适航

管理；微型、轻型、小型无人机投放市场前，应当完成产品认证。销售除微型无人机以外的民用无人机的单位和个人应当向公安机关备案，并记录核实购买单位、个人的相关信息，定期向公安机关报备。

② 无人机能在哪里飞，怎么飞。我国的空域均为管制类空域。条例充分尊重现有的空域管理特点，在维持整体制度不变的情况下，对飞行的安全高度进行了突破。条例明确规定除空中禁区、机场、军事禁区、危险区域等周边一定范围内，微型无人机无须批准可以在高空 50 m 以下空域飞行，轻型无人机可以在高空 120 米以下空域飞行。专家表示民用无人机，特别是微型与轻型无人机的操作使用准备时间普遍比较短，无固定起降点，飞行量巨大，应用较为广泛，传统通航式的管理早已不能适应当下的应用习惯。

③ 条例的优势。一方面通过明确管控空域，以及管控空域飞行需求的申请与审批制度，保障基础安全；另一方面，释放出适飞空域，为群众与企业提供合法合规飞行的权利，为社会生产生活提供了效率与便利。可以说，条例为逐步进入自动化、智能化的科技社会做出了准备，是重要的管理方法探索。

④ 安全如何监管。条例从运行风险、操作难度、使用目的、使用成本等问题出发，对操控者提出：

a. 轻型无人机驾驶员应当年满 14 周岁，未满 14 周岁应当有成年人现场监护；

b. 小型无人机驾驶员应当年满 16 周岁；

c. 中型、大型无人机驾驶员应当年满 18 周岁；

d. 小型、中型、大型无人机的运行需要驾驶员取得安全操作执照；

e. 微型和轻型无人机在适飞空域飞行不需要持有合格证或执照，掌握运行守法要求和风险提示即可。

条例还明确规定，国家统筹建立具备监视和必要管控功能的无人机综合监管平台，民用无人机飞行动态信息与公安机关共享。公安部门建立民用无人机公共安全监管系统。同时业内人士表示，该规定一方面敦促用户掌握必备的理论知识与实操技术，以此提升无人机的安全运行率；另一方面大大减轻了普通娱乐消费者的培训成本负担。

5.2　无人机飞行管理机构

本节内容，旨在使学生了解无人机飞行常用的管理机构，并对各管理机构的管控职能有所了解。

无人机飞行管理机构众多，各管理机构的管控职能有主次、有配合，也有交叉。

5.2.1　空管部门

目前，我国的空管体系是“统一管制、分别指挥”。“统一管制”指的是在国务院、中央军委空中交通管制委员会的领导下，由空军负责实施全国的统一管制；“分别指挥”指的是军用飞机由空军和海军航空兵负责指挥，民用飞机和外航飞机由民航局负责指挥。

5.2.2　民航部门

① 负责民航空中交通管理、民航机场建设及安全运行的监督管理；

② 承担民航飞行安全和地面安全监管、民航空防安全监管、航空运输和通用航空市场监管责任；

③ 起草民航安全管理相关的法律法规、规章、政策、标准及安全规化，推进民航行业体制改革；

空管失误致三架飞机险相撞

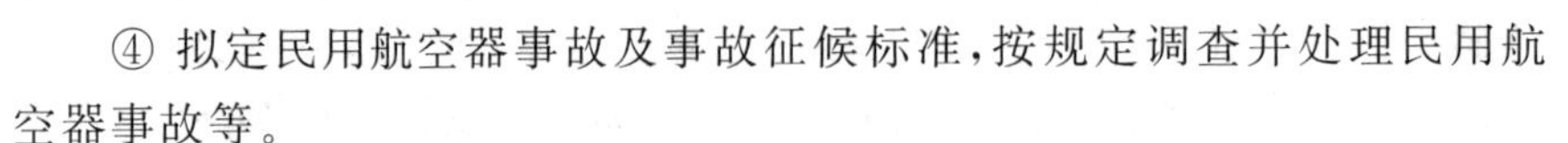

④ 拟定民用航空器事故及事故征候标准，按规定调查并处理民用航空器事故等。

5.2.3 公安部门

① 负责对违法违规飞行的无人机单位或者个人进行查处；

② 组织协调重大活动期间无人机地面防范管控工作，配合相关部门对无人机飞行实施管理等。

5.2.4 工商部门

工商部门负责对企业生产、销售无人机进行登记管理，配合相关部门对未经许可私自生产销售无人机、违法违规飞行无人机的单位或个人进行查处。

5.2.5 海关部门

海关部门负责对进境无人机及其散装组件进行进境监管。

5.2.6 安全监管部门

安全监管部门负责协调并参与无人机安全事故的调查与处理，配合相关部门做好无人机生产经营单位的日常安全管理和安全教育培训等工作。

5.3 无人机飞行管理内容及相关法规

本节内容，旨在让学生在了解无人机分类等级的基础上，掌握无人机空域、无人机管理的相关法律法规。

5.3.1 无人机分类等级说明

根据《民用无人机驾驶员管理规定》咨询通稿的相关内容，无人机分类等级说明如表 5 - 2 所列。

表 5 - 2 无人机分类等级说明

分类等级	空机重量/kg	起飞全重/kg
Ⅰ	0～0.25(含)	
Ⅱ	0.25～4(含)	1.5～7(含)
Ⅲ	4～15(含)	7～25(含)
Ⅳ	15～116(含)	25～150(含)
Ⅴ	植保无人机	

续表 5－2

分类等级	空机重量/kg	起飞全重/kg
Ⅵ	无人飞艇	
Ⅶ	超视距运行的Ⅰ、Ⅱ类无人机	
Ⅺ	116～5700(含)	150～5700(含)
Ⅻ	大于 5700	

说明：

① 实际运行中，Ⅰ、Ⅱ、Ⅲ、Ⅳ、Ⅺ类分类有交叉时，按照较高要求的一类分类。

② 对于串、并行运行或者编队运行的无人机，按照总重量分类。

③ 地方政府对于Ⅰ、Ⅱ类无人机重量界限低于本表规定的，以地方政府的具体要求为准。

④ 分布式操作的无人机系统，其操作者个人无须取得无人机驾驶员执照。

⑤ 分布等级排列顺序由低到高依次为：Ⅻ、Ⅲ、Ⅳ、Ⅺ、Ⅻ，高分类等级执照可行使低分类等级执照权利。

5.3.2　空域的管理及相关法规

空域，是指一个国家在其领空中划分出来的，用于特性飞行需求的空间。针对空域，我国设置了 7 个地区空管局，具体包括：中南空管局、华东空管局、华北空管局、西北空管局、东北空管局、西南空管局、新疆空管局。地区空管局在不同的民航机场、航路中还会设置不同的空管分局/空管站，以便对民航飞机进行监控和管理。

民用无人驾驶航空器系统所使用的空域包括融合空域和隔离空域。融合空域是指与其他有人航空器同时使用的空域。隔离空域是指限制其他有人航空器的进入，专门分配给无人驾驶航空器使用的空域。

《民用无人驾驶航空器系统空中交通管理办法》规定：“民用无人驾驶航空器飞行应当为其单独划设隔离空域，明确水平范围、垂直范围和使用时段。可在民航使用空域内临时为民用无人驾驶航空器划设隔离空域。飞行密集区、人口稠密区、重点地区、繁忙机场周边空域，原则上不划设民用无人驾驶航空器飞行空域。”

DJI 设置的禁飞区

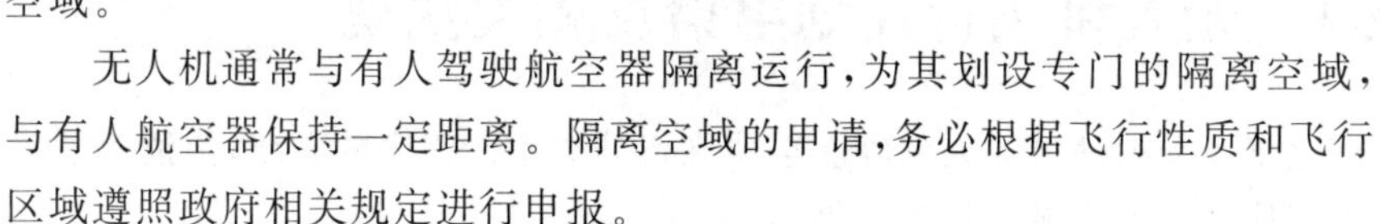

无人机通常与有人驾驶航空器隔离运行，为其划设专门的隔离空域，与有人航空器保持一定距离。隔离空域的申请，务必根据飞行性质和飞行区域遵照政府相关规定进行申报。

5.3.3　无人机的管理及相关法规

无人机的管理主要包括无人机产品信息的登记备案和适航管理。

(1) 无人机产品登记备案

中国民航总局在 2017 年 6 月 1 日正式公布了《民用无人驾驶航空器实名制登记管理规定》，要求即日起对于起飞重量超过 250 g(含 250 g)的民用无人机，按照管理规定实施实名登记备案制度。2017 年 8 月 31 日后未按照管理规定进行实名登记和粘贴登记标志的无人机飞行将被视为非法行为，无人机的使用将受到限制。

备案登记网站为 https://uas.caac.gov.cn/login，需要填写的信息包括：

① 制造商名称、注册地址和联系方式；

② 无人机产品名称、型号、类别；

③ 无人机空机重量和最大起飞重量；

④ 无人机购买者姓名及联系方式。

(2) 适航管理

民用航空器的适航性是指该航空器包括其部件及子系统的整体性能和操纵特性在预期运行环境和使用限制下的安全性和物理完整性的一种品质。

民用航空器的适航管理是以保障民用航空器的安全性为目标的技术管理，是政府适航部门在制定了各种最低安全标准的基础上，对民用航空器的设计、制造、使用和维修等环节进行科学统一的审查、鉴定、监督和管理。

目前，基于我国无人机适航管理规章及标准空白，无人机存在着机型多且运行环境复杂，机管理机构人员储备不足且缺乏经验等问题，无人机适航管理体系仍需完善。2018 年民用无人驾驶航空器发展国际论坛会议指出，我国未来的适航管理，中国民用航空局将利用物联网技术、大数据技术、区块链技术等，进行运行风险评估，面向“智慧化、数据化、生态化”方向发展，建立无人机适航标准和适航管理体系。

(3) 人的管理

对人的管理包括对无人机拥有者和无人机驾驶员的管理。

① 无人机拥有者：《民用无人驾驶航空器实名制登记管理规定》明确指出，最大起飞重量超过 250 g(含 250 g)的民用无人机拥有者必须在“无人机实名登记系统”中实名登记其拥有产品的信息，并将系统给定的登记标志粘贴在无人机上，否则将被视为违法飞行行为，其无人机的使用将受影响，监管部门将按照相关规定进行处罚。

② 无人机驾驶员：《民用无人机驾驶员管理规定》明确了我国民用无人机系统驾驶人员的资质管理，针对不同类别的民用无人机、不同的飞行环境，对无人机驾驶员给出了三种不同的分类管理方案。一是驾驶员自行负责，无须证照管理；二是由行业协会实施管理，中国民用航空局飞行标准司可以实施监督；三是由局方实施管理。

5.4 无人机飞行计划申请及相关法规

本节内容，通过对北京及周边地区无人驾驶航空器飞行计划申请程序的介绍，使读者了解空域申报流程，并可为其他地区的空域申请提供借鉴。

目前来说，无人机的空域申请是不对个人开放的，只对政府部门、事业单位和企业开放。民用无人机进行飞行前，务必根据飞行性质和飞行区域遵照政府相关规定进行申报。目前各地区飞行计划申请流程不同，对于不熟悉的人而言，会相对烦琐。下面以北京飞行计划申请流程为例，为读者提供一个参考。

北京市北空司令部航管处早在 2015 年 11 月就发布了《关于重申无人驾驶航空器飞行计划申请的函》一文，文中明确规定了单位或个人申报无人机的办理流程。

1. 所需材料

① 一份计划申请。

内容包括：单位、无人驾驶航空器型号、架数、使用的机场或临时起降点、任务性质、飞行区域、飞行高度、飞行日期、预计开始和结束时刻、现场保障人员联系方式。

② 飞行资质证明。

③ 无人机飞手资格证书。

④ 任务委托合同。

⑤ 任务单位其他相关材料(如被拍摄物体产权单位的拍摄许可)。

⑥ 空域申请书，其内容包括：申请原因、申请事项、委托方、航空器信息、飞行时间、飞行地点、任务性质等。

⑦ 公司相关资质证明。

2. 对接单位

中部战区空军、民航华区管理局、北京空管办、北京市公安局、北空航管中心(北京及周边地区)。

3. 申报流程

(1) 飞行申请

使用无人驾驶航空器进行航空拍摄或遥感物探飞行时，应在中部战区空军办理对地成像审批手续，再进行飞行计划申请相关事宜。

在机场附近飞行，应携带所需材料①②③向民航华北地区管理局提出申请，审批成功后到当地派出所备案。

在机场以外区域飞行，应携带所需材料①②③向中部战区军区提出申请，由军区出具的《飞行任务申请审批》红头文件将自动抄送北京市公安局，北京市公安局将根据空军批文，向任务单位索要所需材料④⑤。然后甲乙双方到所属地派出所与民警面谈、做笔录、多方在笔录上按红手印。这样整个飞行过程都由属地派出所派警官跟随。

(2) 空域申请

携带所需材料⑥⑦到北空航管中心申请空域。

4. 注意事项

北京市目前暂未开放娱乐性飞行空域，所有申请须有具体的任务。

国内其他省、自治区、直辖市等在无人机空域、飞行计划申报管理方面的政策和实施细则并不一致，有些省份专门设置了无人机飞行服务管理中心，而大部分地区还是存在着一定的滞后性。总的来说，无人机作业空域申报还是要事先咨询当地主管部门，遵照当地管理规定进行申报作业。

5.5　无人机驾驶员执照考证要求及相关法规

5.5.1　无人机执照和等级分类

自 2018 年 9 月 1 日起，民航局授权行业协会颁发的现行有效的无人机驾驶员合格证自动转换为民航局颁发的无人机驾驶员电子执照，原合格证所载明的权利一并转移至该电子执照。

1. 执照和等级分类

对于完成训练并考试合格的人员，在其驾驶员执照上签注如下信息：

① 驾驶员等级：视距内等级、超视距等级、教员等级。

② 类别等级：固定翼、无人直升机、多旋翼、垂直起降固定翼、无人自转旋翼机、无人飞艇、其他。

③ 分类等级：Ⅲ、Ⅳ、Ⅴ、Ⅵ、Ⅶ、Ⅺ、Ⅻ

2. 颁发无人机驾驶员执照与等级的条件

局方可以为符合相应资格、航空知识、飞行技能和飞行经历要求的申请人颁发无人机驾驶员执照与等级，具体要求参考《颁发无人机驾驶员执照与等级的条件》。

3. 执照有效期及其更新

① 按本规定颁发的驾驶员执照有效期限为两年，且仅当执照持有人满足本规定和有关中国民用航空运行规章的相应训练与检查要求、并符合飞行安全记录要求时，方可行使其执照所赋予的相应权利。

② 执照持有人应在执照有效期期满前三个月内向局方申请重新颁发执照。对于申请人，应出示下列按照《轻小无人机运行规定(试行)》(AC－91－31)批准的无人机云系统上记录的飞行经历时间证明。

a. 在执照有效期满前24个日历月内，满足100小时；

b. 在执照有效期满前3个日历月内，满足10小时；

③ 执照在有效期内因等级或备注发生变化重新颁发时，则执照有效期与最高的驾驶员等级有效期保持一致。

④ 执照过期的申请人需重新通过相应的理论和实践考试，方可重新颁发。

5.5.2 无人机执照考试内容及程序

1. 考试内容

无人机执照考试包括理论考试和实践考试。理论考试，是指航空知识理论方面的考试，该考试是颁发民用无人机驾驶员执照或等级所要求的，可以通过笔试或者计算机考试来实施。实践考试，是指为取得民用无人机驾驶员执照或者等级进行的操作方面的考试(包括实践飞行、综合问答、地面站操作)，该考试通过申请人在飞行中演示操作动作及回答问题的方式进行。

2. 考试一般程序

按本规定进行的各项考试，应当由局方指定人员主持，并在指定的时间和地点进行。

① 理论考试的通过成绩由局方确定，理论考试的实施程序参考《民用无人机驾驶员理论考试一般规定》。

② 局方指定的考试员按照《民用无人机驾驶员实践考试一般规定》的程序，依据《民用无人机驾驶员实践考试标准》实施实践考试。

③ 局方依据《民用无人机驾驶员实践考试委任代表管理办法》委任与管理实施实践考试的考试员。

④ 局方依据《民用无人机驾驶员考试点管理办法》对理论及实践考试的考试点实施评估和清单制管理。

然后局方参照《颁发无人机驾驶员执照与等级的条件》为申请人颁发无人机驾驶员执照与等级。无人机执照持有人若受到刑事处罚，期间不得行使所持执照赋予的权利。

知识点总结

无人机要合法飞行，重点需要考虑的几方面内容，如本章知识点思维导图 5 所示。

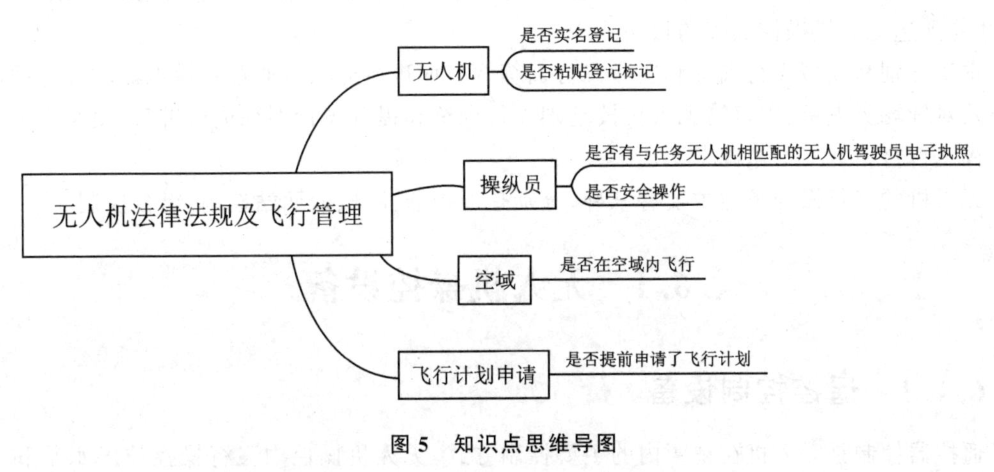

图 5　知识点思维导图

思考题

1. 简述无人机实名备案制度的操作流程。
2. 简述无人机作业申报制度流程及其特点。
3. 简述目前无人机驾照考取内容、流程、重难点等。

第6章　无人机操控

通过上一章的学习，了解到无人机飞行和无人机应用涉及的法律法规问题。在掌握了相关法规后，本章要给同学们介绍怎么去操控无人机，怎么能去训练飞行。无人机的飞行操控是无人机行业各环节的必备技能之一，本章会给同学们介绍各机型的训练方式，以介绍不同机型训练的步骤为主，这部分的学习要采用理论与实践相结合的方式，先熟悉理论，再经过长期练习，才能到达无人机操控训练的目的。

本章分别从模拟飞行训练和实际飞行训练两方面进行介绍。通过对模拟器软件与硬件的介绍及对旋翼无人机、固定翼无人机按基础飞行训练和提升飞行训练进行讲解，使学生为无人机实操飞行打下良好的基础。

无人机的飞行操控类型主要有三种，分别是遥控器控制、地面站控制、组合控制。

6.1　无人机操控设备

6.1.1　遥控控制设备

遥控器控制是无人机在视距内的主要控制方式，无人机操控中飞行操控技术水平和飞行操控精度是能否完成作业任务的关键。

1. 遥控器的认识

遥控器也称为发射机，是通过数字比例无线电控制系统对无人机发送飞行指令的装置。遥控器的价格主要取决于通信的质量、通信的距离、通信通道的数量等，通常通信通道数量越多的遥控器价格会越高。遥控器的通道可以理解为控制无人机的每一路信号，遥控器每一个通道发出的信号对应着机载接收机的各接收信号端，这些信号传递的是各通道的控制数据。遥控器可以将摇杆产生的角度准确的等比例的传递到飞控、舵机或电调上，实现对无人机姿态的控制。无人机用到的遥控器最少需要4个以上的通信通道，这4个基本的飞行控制通道分别为副翼通道、升降通道、油门通道、方向通道。除了基本通道外还需要有模式切换通道、起落架收放通道、作业任务控制通道等其他辅助功能通道。

遥控器主要由内置电路、天线、显示屏、摇杆、拨杆、旋钮、握把、挂带等部分组成。由于生产厂家的不同，遥控器的使用设置方式也略有不同。遥控器的常用设置有新建模型、模型设置、行程量校准、失控保护、油门熄火、中立点微调、选择发射制式、与接收机对频等。

2. 遥控器操纵杆的基本作用

遥控器主要控制飞行的是两根摇杆，每个摇杆对应前后和左右两个方向上的控通道，所以两个摇杆会对应四个控制通道，分别是油门通道、方向通道、升降通道、副翼通道。

① 油门通道直接控制着无人机发动机的转速，油门杆在未解锁的状态会处在最低位置(除双归中摇杆)，油门杆位越高，对应着动力装置转速越高。

② 方向通道对应着无人机机头的航向控制，从机尾看，向左偏移方向舵，飞机机头会向左

偏航；向右偏移方向舵，飞机机头会向右偏航。航向偏移的大小和速度通常与拨杆大小有关，杆位越大偏转的角度越大，旋转速度越快，完成转向的用时越少。

③ 升降通道的操纵在旋翼与固定翼飞行控制方式上略有不同。在旋翼上控制升降舵会控制飞机沿纵轴方向飞行，向前推升降舵越大，沿纵轴前飞的速度越快。在固定翼上会控制飞机绕横轴做俯仰运动，升降舵量越低，飞机仰角会越大；反之升降舵杆位越高，飞机俯角会越大。

④ 副翼通道在旋翼无人机和固定翼无人机上也有所不同，在旋翼无人机上操控副翼舵，会控制旋翼无人机沿横轴飞行，副翼舵的偏移量越大，沿横轴方向飞行速度越快。在固定翼无人机操控副翼舵会控制飞机绕纵轴做横滚运动，副翼舵偏移量越大，横滚的角速度就越大。

3. 遥控器杆位操控模式

遥控器的使用注意事项

根据上面的介绍，我们知道遥控器的四个控制通道，副翼通道、升降通道、油门通道、方向通道。根据这四个通道对应的杆位不同可以分为不同的杆位操控模式，常用到的操控模式有美国手操控模式和日本手操控模式；不常见的有反美国手控模式，也有人称为中国手操控模式，和反日本手操控模式。他们的区别仅限于遥控的摇杆对应的控制通道不同，选择一种适合自己的类型，多加练习，使自己形成印象反射。

美国手操控模式是左手摇杆在竖直方向为油门控制、水平方向为航向控制；右手摇杆在竖直方向升降舵控制，水平方向为副翼舵控制。美国手操控模式遥控如图 6.1.1 所示。

日本手操控模式是左手摇杆在竖直方向为升降舵控制、水平方向为航向控制；右手摇杆在竖直方向油门控制，水平方向为副翼舵控制。日本手操控模式遥控器如图 6.1.2 所示。

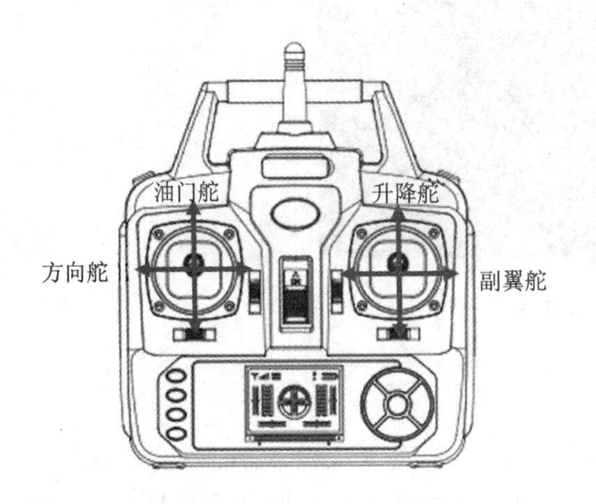

图 6.1.1　美国手模式遥控器

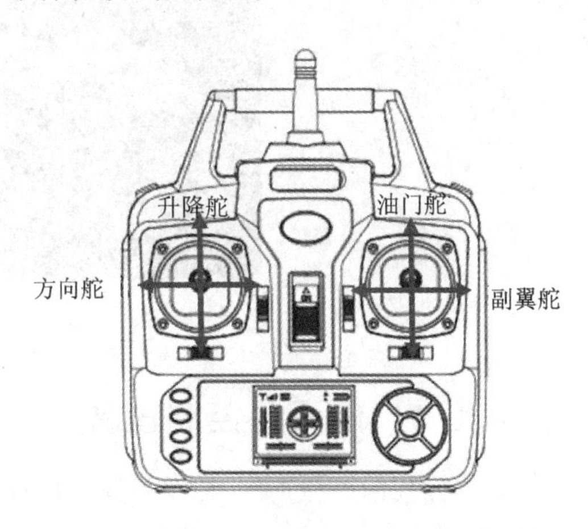

图 6.1.2　日本手模式遥控器

反美国手操控模式正好与美国手操控模式的操作相反，左手摇杆在竖直方向升降舵控制，水平方向为副翼舵控制；右手摇杆在竖直方向为油门控制、水平方向为航向控制。反美国手操控模式遥控器如图 6.1.3 所示。

飞行模拟器的两种操控方式为：捏杆式和压杆式。捏杆式操控方式适合在刚开始飞行时尝试，捏杆式操控方式是拇指的指肚按在操纵杆上，食指指肚侧按在操纵杆上，食指就像弹簧一样，缓冲拇指带动操纵杆的运动，让控制更细腻，更容易掌握些。如图 6.1.4 所示。

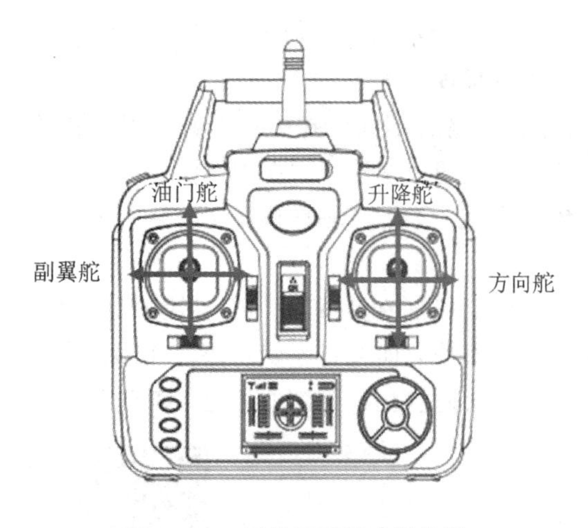

图 6.1.3 反美国手模式遥控器

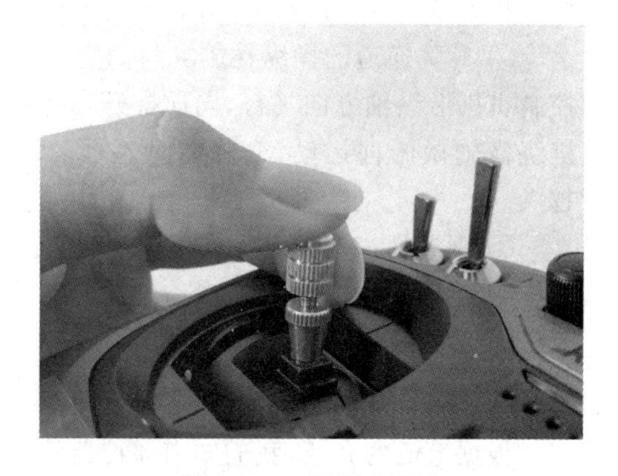

图 6.1.4 捏杆式操控

压杆式操控是大拇指直接按在操纵杆上部(见图 6.1.5),由于拇指没有限位,操作无人机需要精准的打杆量。如果拇指带动操纵杆运动的幅度很大,无人机姿态变化就比较大,因此,操控人员需要长期练习,感受不同杆位的阻力力矩,才能很好地掌控无人机。

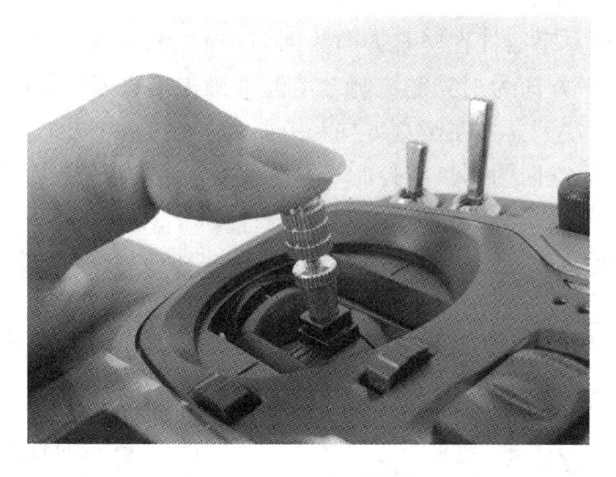

图 6.1.5 压杆式操控

6.1.2 地面站控制设备

根据操控的机型不同,地面站控制设备也有所不同。常见的无人机飞控都有自己配套的地面站控制设备。根据操控的范围大小,将地面站控制设备主要分为 4 种:小型便携式手持地面站、民用 PC 端地面站、移动指挥地面站、大型军用地面站。

① 小型便携式手持地面站:是将遥控器与地面站集成一体,可以执行自主控制与手动控制的地面站,自主控制可以预先规划好航线,实现自主作业的功能。同时也可以手动调整飞行航线,手动控制结束后继续执行自主控制。这种地面站常应用于农业植保领域,其具有执行效率高、航线规划简单、控制灵活等特点,不足就是一般遥控范围有限,不能远距离操控。

② 民用 PC 端地面站:是由便携式计算机及地面站运行程序、遥控器、数传电台、图传电台、波载相位差分定位系统、增程天线等设备组成的地面站。这种地面站在民用领域,尤其是

在航空测绘、数字影像测量、电力巡线等领域得到了广泛应用。

③ 移动指挥地面站：由移动指挥车、车载计算机、遥杆控制系统、增程天线、数传电台、图传电台等设备组成。移动指挥地面站常应用于警用巡逻、一线新闻报道、应急救灾、环境监测等领域，具有机动性好、巡查范围广、时效性强等特点。

④ 大型军用地面站：主要由遥控飞行操作台、监视侦查控制台、任务发射控制台、雷达控制台、卫星通信与数据通信数据终端等设备组成，具有实时收集情报、实时回传战场图像、灵活打击敌人等特点。

6.2　地面站操控

6.2.1　飞行控制

飞行控制是指采用遥控方式对无人机在空中整个飞行过程的控制。无人机的种类不同、执行任务的方式不同，决定了无人机有多种飞行操纵方式。遥控方式是通过数据链路对无人机实施的飞行控制操纵。一般包括舵面遥控、姿态遥控和指令控制三种方式。地面站软件如图6.2.1所示。

① 舵面遥控：由控制站上的操纵杆直接控制无人机的舵面，遥控无人机的飞行。

② 姿态遥控：在无人机具有姿态稳定控制机构的基础上，通过操纵杆控制无人机的俯仰和滚转，从而改变无人机的运动。

③ 指令控制：通过上行链路发送控制指令，机载计算机接收到指令后按预定的控制模式执行。这种方式必须在机载自动驾驶仪或机载飞行管理与控制系统自动控制的基础上实施，指令方式一般包括：俯仰角选择与控制、高度选择与保持、飞行速度控制、滚转选择与控制、航向选择与保持、航迹控制。

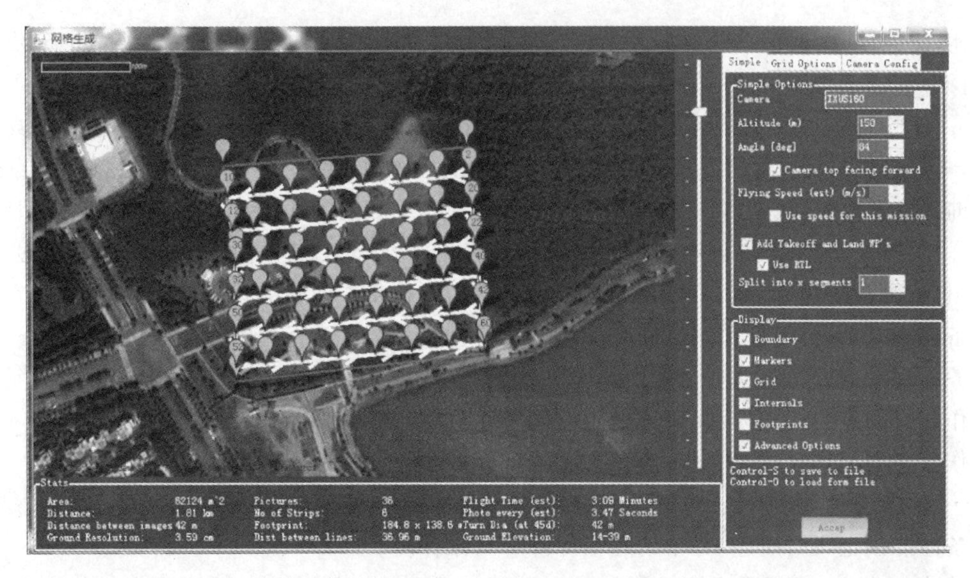

图6.2.1　地面站软件

6.2.2 任务规划

任务规划一般从接到任务开始，根据任务作业范围选取几个作业航迹点，对这些点进行检验和调整，使之满足各种作业条件的需求。选用优化准则，由计算机辅助生成飞行航线，用检验准则检查航线上的每个点，如果全部都满足条件，即是一条合适可执行的航线。任务规划可以分为预先规划和实时规划，执行任务前在地面站上设计谋求全局的最优飞行航迹，在飞行过程中由于环境变化或出现飞行威胁情况时需要做实时规划。

下面介绍任务规划流程。

任务规划流程主要由接收任务、任务理解、环境评估、任务分配、航迹规划、航迹优化、生成计划等部分组成。任务规划流程如图 6.2.2 所示。

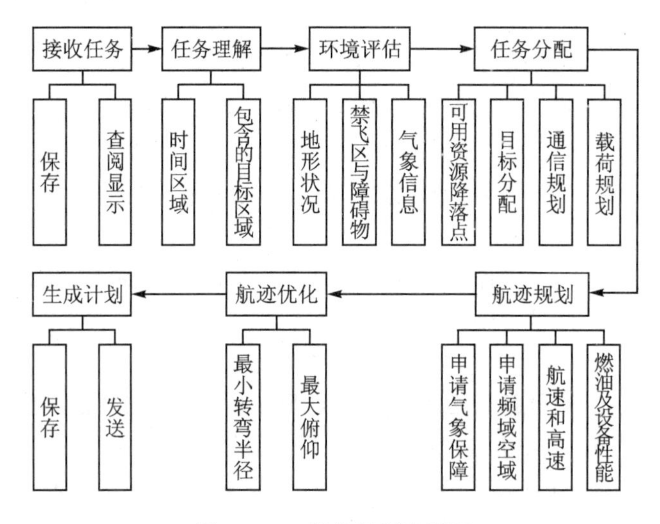

图 6.2.2 任务规划流程图

① 任务接收：是整个任务的开始，接收到上级下发的任务、命令，首先对任务进行保存，提供查阅和显示。

② 任务理解：是接收到任务后，进行任务分析的过程。首先分析任务执行的地理区域、时间区间，再分析任务所包含的目标航点数，各个航点的位置、重要程度等情况。根据任务涉及的区域查询并显示地形情况、禁飞区和障碍物分布情况以及气象信息，为航迹规划提供环境情况。

③ 任务分配：是提供可用的无人机资源和着陆点显示，辅助操作人员进行载荷规划、通信规划、目标分配的过程。载荷规划是根据任务的需要携带作业任务设备的过程，载荷规划包括了设备类型及精度，设备工作时间和工作模式，同时考虑天气对设备的影响。通信规划包括执行任务过程中需要在不同环境和距离下的通信任务的制定。目标分配是指执行任务过程中实现动作的时间点、方式、方法，设定航点时间节点、飞行高度、航速、飞行姿态以及配合载荷设备的工作状态与工作模式。

④ 航迹规划：是在上一步的基础上，根据环境的变化情况、无人机航速、飞行高度、燃油量和设备性能制定飞行航迹，并申请通信保障和气象保障。

⑤ 航迹优化：根据无人机飞行的最小转弯半径和最大俯仰角对航迹进行优化处理，制定适合作业无人机飞行的航迹。

⑥ 生成计划：任务规划的最后一步，重新与任务要求对照一遍，确保无误后保存并上传到无人机的飞控上。

6.2.3　航迹规划

无人机航迹规划是任务规划的核心内容，需要综合应用导航技术、地理信息技术以及远程感知技术，以获得全面详细的无人机飞行现状以及环境信息，结合无人机自身技术指标特点，按照一定的航迹规划方法，制定最优或次优路径。因此，航迹规划需要充分考虑电子地图的选取与标绘，航线预先规划以及在线调整时机。

1. 电子地图的选取与标绘

电子地图在无人机任务规划中的作用是显示无人机的飞行位置、画出飞行航迹、标识规划点以及显示规划航迹等。一般情况下，电子地图可直接安装于无人机地面控制站，选取合适的地图插件可与地面站软件较好的集成。电子地图插件应具备地面站所需要的永久图层和临时图层的创建，地图属性的设置，地图图元的添加、删除、选定、移动等操作功能。

地面站电子地图显示的信息分为三个方面：一是无人机位置和飞行航迹；二是无人机航迹规划信息；三是其他辅助信息。无人机在首次使用作业区域时应进行地图校准，由于加载的电子地图与实际操作时的地理位置信息有偏差，因此需要在使用前对地图进行校准。

图元标注是完成任务的一项重要的辅助性工作，细致规范的图元标注将大幅度提高飞行安全性和任务完成质量。图元标注主要包括三方面：场地标注、警示标注、任务区标注。

① 场地标注：主要包括起飞场地标注、着陆场地标注、应急场地标注，为操作员提供发射与回收以及应急迫降区域参考。

② 警示标注：主要用于飞行区域内重点目标的标注，如建 筑物、禁飞区、人口密集区等易影响飞行安全的区域。

③ 任务区域标注：是无人机侦察监测区域应预先标注，主要包括任务区域范围、侦察监测对象等。

2. 航线规划

航线规划一般分两步：首先是飞行前预规划，即根据既定任务，结合环境限制与飞行约束条件，从整体上制定最优参考路径并装订特殊任务；其次是在飞行过程中重新规划，即根据飞行过程中遇到的突发状况，如地形、气象变化、未知限飞区域或禁飞因素等，局部动态调整飞行路径或改变动作任务。地面站具有标准飞行轨迹生成功能，可生成常用的标准飞行轨迹；具有常规的飞行航线生成、管理功能，可生成对特定区域进行搜索的常规飞行航线，存储到常规航线库中。航线规划流程如图 6.2.3 所示。

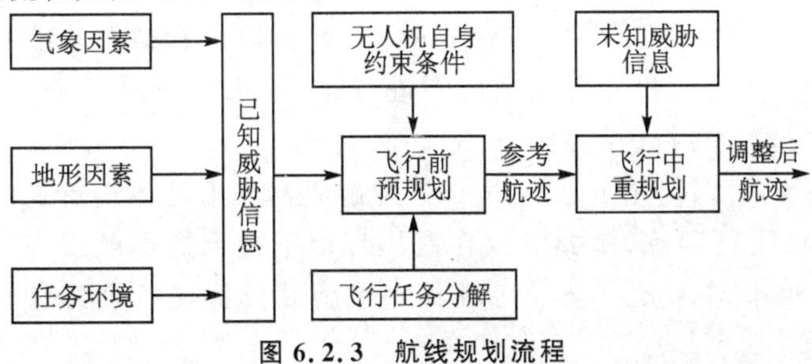

图 6.2.3　航线规划流程

6.2.4 应急航线

应急航线是指任务规划时还要考虑异常的应急措施，其主要目的是确保飞机安全返航，规划一条安全返航通道和应急迫降点，以及航线转移策略，即从航线上的任意点转入安全返航通道或从安全返航通道转向应急迫降点。

系统保障与应急预案规划是指综合考虑无人机系统本身的约束条件、目标任务需求和应急情况，合理设置地面站与无人机的配比关系，科学部署工作地域内的各种无人机地面站，制定突发情况下的无人机飞行或降落方案。

6.3 模拟飞行训练

通过学习本节内容，可以让同学们对无人机操控进行首次体验，无人机的模拟飞行课程主要通过模拟器和模拟飞行软件配合进行数学。模拟飞行可以对旋翼机、固定翼、直升机、穿越机、特技机、室内花式表演等机型进行尝试，初步体验操控无人机飞行，并在头脑里形成初步的操控意识，体验无人机飞行的感觉。

6.3.1 飞行模拟器的认识

飞行模拟器是用来模拟遥控器操纵无人机的操控设备，外形和手感与遥控器相似。飞行模拟器大体分为两种：一种是专用飞行模拟器，这种模拟器与遥控器相似，只是不具备遥控功能，而是通过数据线与计算机连接使用；另一种是直接将无人机遥控器与解码器组合使用的飞行模拟器。

飞行模拟器在功能上尽可能的模拟出真实遥控器的感觉，主要由摇杆、拨杆、旋钮、显示屏、握把、内置电路等部分组成。模拟器主要依靠两个摇杆操控飞行姿态，每个摇杆都是由全向球和杆体构成，可以向水平面上任意方位倾斜。拨杆开关是一种段位式开关，属于非连续性开关，常见的是两段开关和三段开关，具有模式切换、起落收放、烟雾喷洒开关等功能。旋钮开关是一种连续型的模拟量开关，主要用来调节一些连续变化的量，如飞行中舵面调平，飞行中感度调节等。

6.3.2 模拟飞行软件的介绍

模拟飞行软件有很多种，不同的软件对应着不同模拟器。模拟训练可以分为基础模拟训练、进阶模拟训练、应用模拟训练、特技模拟训练。针对不同阶段的训练可以对应不同的模拟飞行系统。

① 基础模拟训练：可以使用凤凰 PhoenixRC 搭配 SM600 模拟器进行飞行初步体验，可以通过旋翼无人机、固定翼无人机在无风情况下进行起飞、悬停、水平飞行、降落等尝试。固定翼模拟飞行训练如图 6.3.1 所示。

② 进阶模拟训练：可以使用 Real Flight 搭配解码器和遥控器进行更符合真实环境的模拟飞行训练，例如尝试在有风环境下进行矩形航线飞行，水平 360°悬停，水平匀速 8 字航线等训练。多旋翼模拟飞行训练如图 6.3.2 所示。

Real Flight 模拟器的使用

图 6.3.1　固定翼模拟飞行训练

图 6.3.2　多旋翼模拟飞行训练

③ 应用模拟训练：可以使用 DJI simulator 搭配大疆的遥控器进行航拍飞行训练，模拟大疆多款航拍无人机，通过这款模拟训练可以快速提升飞行技能。这款模拟飞行系统可对多种场景进行仿真、细节十分生动，可以模拟出低效反向和模拟撞击情况，但对电脑配置要求较高。航拍任务模拟飞行训练如图 6.3.3 所示。

④ 特技模拟训练：特技训练模拟器有很多种类，可以根据不同机型进行选择模拟飞行软件，穿越机模拟器飞行软件 Liftoff、Velocidrone、Freerider、DRL 等都可以对穿越机飞行进行很好的训练。固定翼特技飞行、直升机特技飞行可以通过 Reflex XTR、PhoenixRC、RealFlight Generation 等软件进行训练。直升机特技模拟飞行如图 6.3.4 所示。

图 6.3.3　航拍任务模拟飞行训练

图 6.3.4　直升机特技模拟飞行

6.4　旋翼无人机实操飞行训练

通过学习本节内容，可以让同学们对无人机实操飞行掌握一些理论基础，无人机的实操飞行课程主要通过旋翼无人机、固定翼飞行、无人直升机等机型的训练步骤，逐步进行训练，在各种机型训练方法中针对各种机型特点、飞行难易程度和操控训练的相似性，进行不同程度地介绍。

6.4.1　训练旋翼无人机

遥控操纵旋翼无人机的训练机型根据旋翼数量的不同可以分为单旋翼无人机和多旋翼无

人机。旋翼数量的不同导致这两种机型的操控原理有所不同，由于都是旋翼训练方式，所以训练场地大体相同。下面对操控进行介绍。

① 单旋翼无人机主体包括旋翼、尾桨、机体、操纵系统、动力装置等。控制与导航系统包括地面控制站、机载姿态传感器、飞控计算机、定位与导航设备、飞行监控及显示系统等。训练使用的单旋翼无人机具有动力强劲、载重量大、起飞限制小、结构紧凑等特点；但缺点也是比较明显，如结构复杂、维护成高、操控难度大等。单旋翼无人机正是由于操控难度较大，练习的危险程度较高，导致被多旋翼取代了一些市场份额；但单旋翼无人机也有就自己的特点，在相同能量情况下单旋翼无人机的载重能力会大于多旋翼无人机，在特技飞行表演上也有自己独特的优势。无人直升机结构如图6.4.1所示。

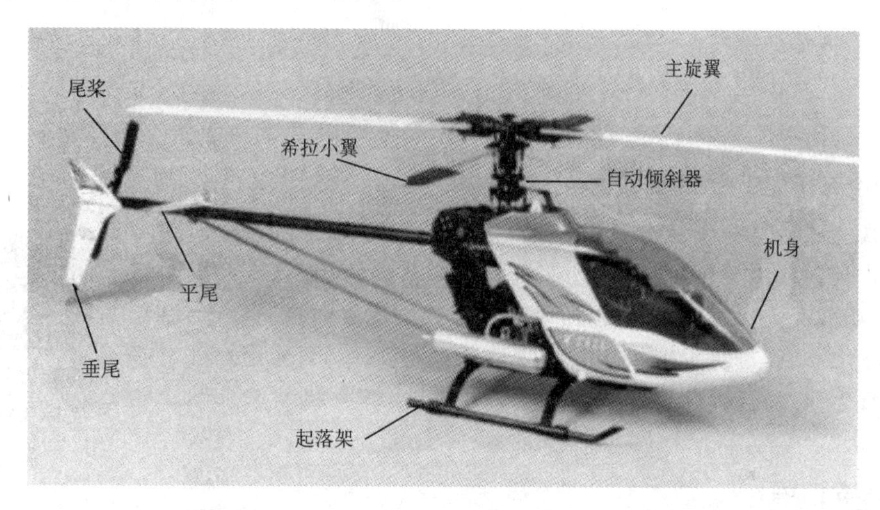

图6.4.1　无人直升机结构

② 多旋翼无人机主要由中心板、机臂、电机座、起落架、飞控系统、动力系统等部分组成。训练使用的多旋翼无人机可由学生自行组装的机型，其具有结构简单、性能稳定、组装灵活度大等特点。多旋翼无人机训练可以分为基础训练和进阶训练，根据不同的训练可以使用不同的机型，基础训练可以选用轴距为350～550 mm的四旋翼或六旋翼机型；提升训练可以选用轴距为850～1000 mm的六旋翼或八旋翼机型。四旋翼和八旋翼机型分别如图6.4.2和图6.4.3所示。

图6.4.2　四旋翼机型

图 6.4.3　八旋翼机型

6.4.2　多旋翼无人机飞行训练

多旋翼无人机飞行训练分为两个阶段：基础训练阶段和提升训练阶段。基础训练阶段主要包括：旋翼无人机起飞降落训练、旋翼无人机四面悬停训练、旋翼无人机定高水平飞行训练、旋翼无人机方向控制训练；提升训练阶段主要包括：旋翼无人机 360°匀速水平悬停训练、旋翼无人机匀速矩形航线训练、旋翼无人机匀速圆形航线训练、旋翼无人机匀速水平 8 字训练。

多旋翼无人机
实际飞行训练

1. 基本训练

进行基础训练的每架多旋翼无人机都需要有 10 m^2 大小的训练场地，且相互训练尽量隔开，并且远离建筑物、干扰源，同时减少围观群众，并且须设置警戒线和警示标牌，用以警示围观人员。

(1) 多旋翼无人机起飞降落训练

多旋翼无人机起飞降落训练要求操控人员首先确认飞行环境是否允许，并且保证所有人员距离无人机有一个安全的距离，建议 5 m 以上。操控人员在飞行训练时尽量站在无人机机尾正后方，保证旋翼无人机机头方向与操控人员站立方向一致，并且在合适的距离进行操作无人机。具体操作如下：

① 确保无人机一切正常且机头朝向与操控者朝向一致，然后对无人机进行解锁操作，听到提示音或者电机开始启动，表示解锁成功，并将各摇杆归位。

② 将油门杆从正下方位置进行缓缓上推，并时刻观察无人机的状态。观察无人机即将离开地面时，无人机的临界起飞速度。然后继续缓慢上推油门杆，无人机将离开地面；右手稳定控制无人机各方向姿态，使其进入水平稳定状态。

③ 待无人机飞行高度达到与自己视线相平行的高度时，稍减小油门，使无人机进入悬停状态，起飞训练完成。

④ 将无人机飞至降落点正上方并使进入悬停状态，然后缓慢减小油门，使无人机进入缓慢下降状态，此时停止对油门的减小。

⑤ 待飞机距离地面高度小于半个螺旋桨的大小时，无人机进入地面效应，升力会略微

增大，使无人机有上升的趋势。此时须调整无人机航向及位置，并再次矫正无人机待降地点。

⑥ 此时稍减小油门，无人机继续下降直至触地，迅速将油门收至最小位置。待螺旋桨停转后，进行上锁操作，无人机降落完成。如图 6.4.4 所示。

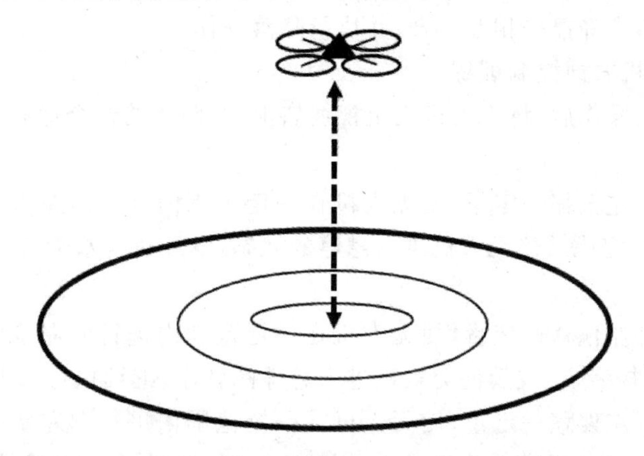

图 6.4.4　多旋翼起飞降落训练

(2) 多旋翼无人机四面悬停训练

多旋翼无人机四面悬停训练需要选取路锥为参照物，并且路锥要与起飞点有一定的距离。具体操作如下：

① 执行完成起飞操作后，将无人机飞至视线斜上方，距离路锥合适高度即可，并保持无人机对尾悬停。

② 将无人机飞至路锥正上方，保持高度，向左微打方向舵，使无人机机头匀速向左转，到达左侧正对操控者时，将副翼舵与升降舵配合控制无人机悬停。

③ 将无人机飞至路锥正上方，保持高度，继续向左微打方向舵，到达机头正对操纵者时，将副翼舵与升降舵配合控制无人机悬停。

④ 将无人机飞至路锥正上方，保持高度，继续向左微打方向舵，到达右侧正对操纵者时，将副翼舵与升降舵配合控制无人机悬停。

⑤ 最后转成对尾悬停，将副翼摇杆和升降摇杆相互配合，并执行降落操作。

多旋翼无人机四面悬停训练如图 6.4.5 所示。

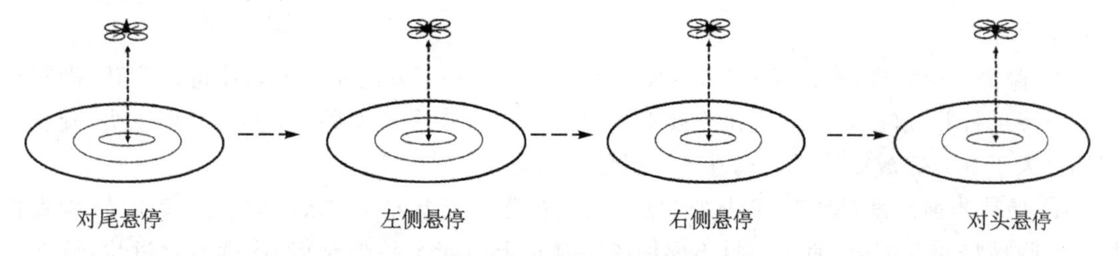

图 6.4.5　多旋翼无人机四面悬停训练

(3) 旋翼无人机水平定高飞行训练

① 执行完成起飞操作后，将无人机飞至视线斜上方，距离路锥合适高度即可，并保持无人机对尾悬停。

② 操控副翼摇杆，使无人机在一定范围内进行匀速定高左右水平飞行，尝试不同舵量对应的无人机飞行速度，并实现快速悬停在路锥正上方。

③ 操控升降摇杆，使无人机在一定范围内进行匀速定高前后水平飞行，尝试不同舵量对应的无人机飞行速度，并实现快速悬停在路锥正上方。

④ 将副翼摇杆和升降摇杆相互配合，并执行降落操作。

(4) 多旋翼无人机方向控制训练

① 执行完成起飞操作后，将无人机飞至视线斜上方，距离路锥合适高度即可，并保持无人机对尾悬停。

② 操控航向摇杆左偏移一定量，使无人机在一定范围内进行向左水平匀速旋转，使无人机左侧面正对操控者，完成后使无人机进入悬停的状态，继续执行水平定高飞行训练。左转向训练如图 6.4.6 所示。

③ 操控航向摇杆左偏移一定量，使无人机在一定范围内进行向左或向右水平匀速旋转，使无人机机头正对操控者，完成后使无人机进入悬停的状态，继续执行水平定高飞行训练。

④ 操控航向摇杆左偏移一定量，使无人机在一定范围内进行向左水平匀速旋转，使无人机右侧面正对操控者，完成后使无人机进入悬停的状态，继续执行水平定高飞行训练。

⑤ 将无人机转成对尾悬停状态，副翼摇杆和升降摇杆相互配合，重复上述步骤，练习向右转向并执行降落操作。

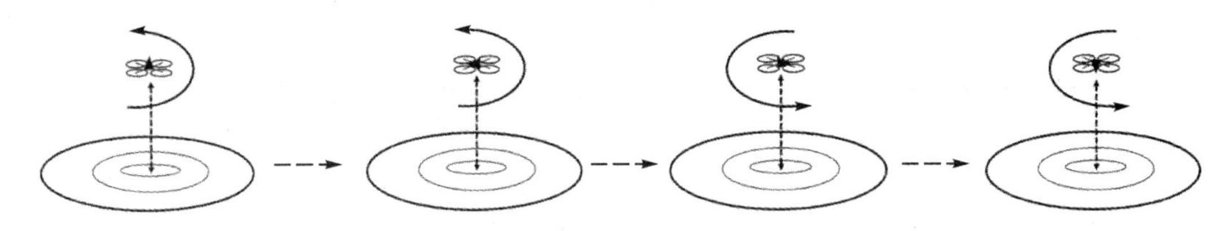

图 6.4.6 多旋翼左转向训练

2. 提升训练

多旋翼无人机提升训练需要每架训练机有 20 m^2 大小的场地，且相互训练尽量隔开，并且远离建筑物、干扰源，减少围观群众，同时须设置警戒线和警示标牌，用以警示围观人员。

(1) 多旋翼无人机 360°匀速水平悬停训练

① 执行完成起飞操作后，将无人机飞至视线斜上方，距离路锥合适高度即可，并保持无人机对尾悬停。

② 保持当前高度，操控航向摇杆，使无人机在路锥正上方向左水平匀速持续旋转，副翼摇杆和升降摇杆相互配合，使无人机不要偏离路锥正上方半个机架距离，速度不宜过快，旋转一周用时大于 8 s，完成后使无人机进入对尾悬停状态。

③ 保持当前高度，操控航向摇杆，使无人机在路锥正上方向右水平匀速持续旋转，副翼摇杆和升降摇杆相互配合，使无人机不要偏离路锥正上方半个机架距离，速度不宜过快，旋转一周用时大于 8 s，完成后使无人机进入对尾悬停状态。

④ 将副翼摇杆和升降摇杆相互配合，并执行降落操作。如图 6.4.7 所示。

(2) 多旋翼无人机匀速矩形航线训练

旋翼无人机匀速矩形航线训练是操控无人机沿矩形航线飞行的训练，要求无人机在路锥正上方旋转90°方向并且机头始终朝向下一个路锥，执行飞行完后飞回起飞点。

① 执行完成起飞操作后，将无人机飞至航线第1点并保持无人机对尾悬停。

② 保持当前高度，操控升降摇杆，使无人机沿直线向前飞，同时副翼舵配合控制无人机左右位置，飞至航线第2点上空悬停并将机头旋转沿顺时针旋转90°，继续执行沿航线飞行操作。

③ 将无人机飞至航线第3点后继续执行上述操作，飞至航线第四点后再飞往航线第1点，顺时针矩形航线完成，将无人机飞至航线第4点，准备矩形航线逆时针飞行训练。如图6.4.8所示。

④ 保持当前高度，操控升降摇杆，使无人机沿直线向前飞，同时将副翼舵配合控制无人机左右位置，无人机从航线第4点开始，将无人机飞至航线第3点上空悬停并将机头沿逆针旋转90°，继续执行沿航线飞行操作，重复上述步骤，直至无人机飞回航线第4点。

⑤ 将副翼摇杆和升降摇杆相互配合，并执行降落操作。

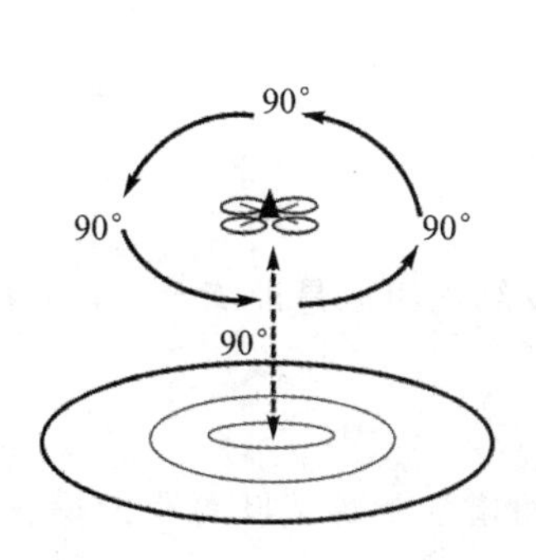

图6.4.7　多旋翼360度匀速水平悬停训练

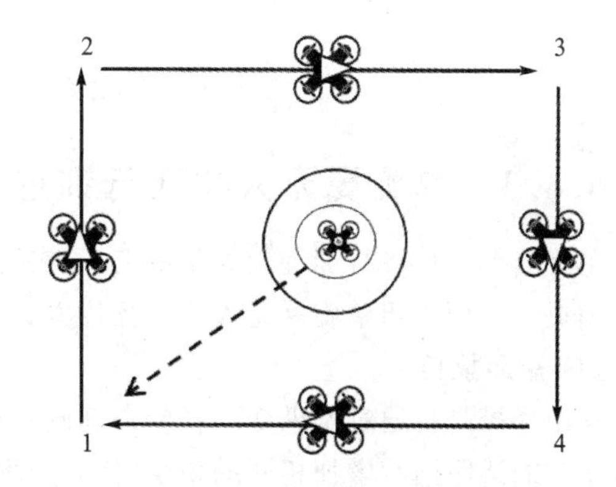

图6.4.8　多旋翼匀速矩形航线训练

(3) 多旋翼无人机匀速水平8字训练

旋翼无人机匀速水平8字训练是一种将无人机沿两个同等大小横向相切的圆形航线匀速飞行的训练，要求高度保持一定且匀速飞行，机头始终与航线保持一致且机身不能偏离航线半个机身。

① 执行完成起飞操作后，将无人机飞至航线第1点并保持无人机对尾悬停。

② 保持当前高度，操控升降摇杆且微打左航向舵，同时副翼舵配合控制位置，使无人机执行边前飞边左转的动作，保证无人机始终沿圆弧形航线匀速飞行，在到达第2点上空时，机身左侧朝向操控者，继续推升降摇杆并左打航向舵，同时副翼舵配合控制位置，使无人机继续执行边前飞边左转的动作，保证无人机始终沿圆弧形航线匀速飞行，到达第3点上空时，机头朝向操控者。同样操作飞至第3点时机身右侧朝向操控者，然后同样操作飞回第1点。

③ 继续保持当前高度，操控升降摇杆且微打右航向舵，同时副翼舵配合控制位置，使无人机执行边前飞边右转的动作，保证无人机始终沿圆弧形航线匀速飞行，到达第5点上空时，机身右侧朝向操控者，继续推升降摇杆同时右打航向舵，此时副翼舵配合控制位置，使无人机继续执行边前飞边右转的动作，保证无人机始终沿圆弧形航线匀速飞行，到达第6点上空时，机头朝向操控者。同样操作飞至第7点时机身左侧朝向操控者，然后同样操作飞回第1点，完成匀速水平8字训练。

④ 副翼摇杆和升降摇杆相互配合，并执行降落操作。多旋翼无人机匀速水平8字训练如

图 6.4.9 所示。

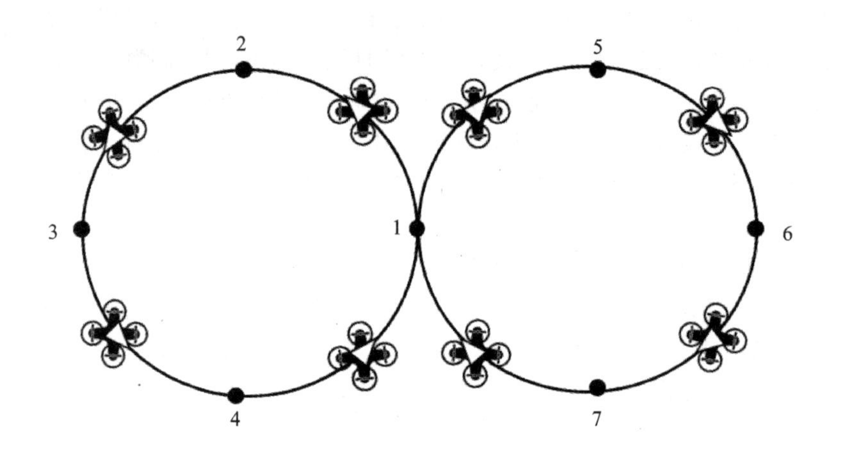

图 6.4.9 多旋翼无人机匀速水平 8 字训练

6.4.3 单旋翼无人机飞行训练

单旋翼无人机飞行训练前先了解无人直升机的工作原理及结构组成是训练无人直升机飞行的前提。下面介绍单旋翼无人机的操控方式。

(1) 总距操控

总距操控是指通过操纵变距杆使自动倾斜器整体上升从而增加旋翼桨叶总距的操纵，即将各桨叶的桨距同时增加相同的角度，使升力增加，直升机上升的操纵。在无人直升机上，变距杆与油门杆是连接在一起的，在增加桨距的同时，增加发动机的输出功率，通过改变发动机的转速大小或桨距大小，实现无人直升机的升降运动。

(2) 周期变距操控

周期变距是指旋翼在旋转一周中，每片桨叶的桨叶角随旋翼旋转所出现的由大到小再由小变大的周期变化。周期变距操控是通过传动杆、摇臂的传动，使旋转环随同内环向需要的方向倾斜的。由桨叶的周期变距引起的桨叶强制挥舞，能使旋翼椎体向操纵杆的操控方向倾斜，达到操控的目的。

但周期变距会导致自动倾斜器的倾斜盘与旋翼桨尖平面两者倾斜的角度并非完全一致，即操纵杆的方位与实际产生的方位不同，不符合操控习惯。要想实现方位一致，必须将自动倾斜器的倾斜盘提前螺旋桨尖平面倾斜一个角度，根据机型不同，倾斜角度也不同，常见的是将倾斜盘提前 90°倾斜。正是通过这样的设置，可以实现无人直升机在水平面内前后左右的飞行动作。

(3) 航向操控

无人直升机的航向操控是通过尾桨抵消主旋翼旋转产生的反扭矩来实现改变航向的操作。尾旋翼可以使直升机安定，可以通过尾旋翼操控螺距变化，来控制无人直升机航向转至的角度；通过搭配陀螺仪传感器，可以精准地感知控制飞行方向。需要注意的是，无人直升机在操控油门杆时，动作不宜过快，因为主旋翼的转动通过轴承结构传递到尾旋翼，这个传动的过程需要一些时间，如果操作油门杆过快，会造成机身出现突然自转。所以推油门时要柔和一些,要使尾旋翼转速跟上。通过这些操控,可以使无人直升机完成偏航动作。

6.5　固定翼无人机飞行训练

6.5.1　训练固定翼无人机

固定翼无人机
模拟飞行训练

训练用到的固定翼无人机多为学生自行组装的机型,其具有结构简单、性能稳定、灵活度大等特点,一般由机身、机翼、尾翼、起落架、自驾仪系统、伺服控制系统、动力系统等部分组成。固定翼无人机训练也分为基础训练和提升训练,根据不同的训练会使用不同的机型,有基础训练机型和提升训练机型,如图 6.5.1 和图 6.5.2 所示。

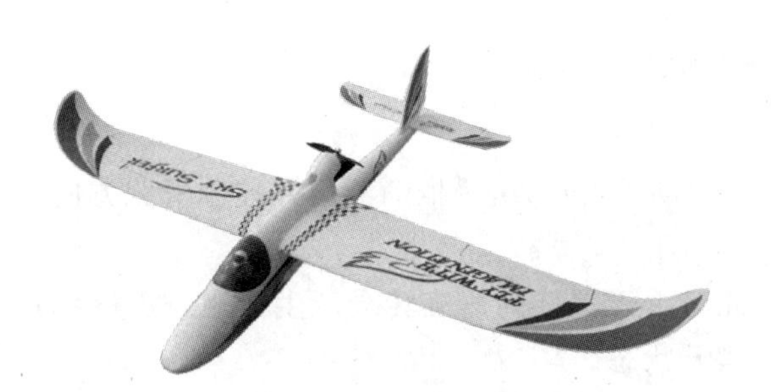

图 6.5.1　固定翼基础训练机型

图 6.5.2　固定翼提升训练机型

6.5.2　固定翼无人机飞行训练

固定翼无人机飞行训练分为两个阶段:基础训练阶段和提升训练阶段。基础训练阶段主要包括固定翼无人机起飞爬升训练、固定翼无人机降落下降训练、固定翼无人机定高平飞训练、固定翼无人机转向控制训练。提升训练阶段主要包括固定翼无人机矩形航线训练、固定翼无人机匀速水平 8 字训练。

固定翼无人机操控训练是需要理论与实践结合的一种学习方式,要想获得一定的飞行水平,首先要在头脑中形成打舵与飞行姿态相对应的意识,每次实际飞行训练前,在大脑里模拟一遍打舵与飞机飞行的动作,这样实际飞行时不用去一直思考下一步该怎么去打舵。飞机升空后,操控者需要考虑的是怎么执行作业任务和飞机下一点该飞向哪里。

1. 基础训练

固定翼无人机基础训练需要每架训练机都有合适的空域,且有段平坦跑道,相互训练尽量隔开,并且远离建筑物、干扰源,减少围观群众,同时需设置警戒线和警示标牌,用以警示围观人员。基础训练可以选用翼展为 1 000～1 500 mm 的上单翼 EPO 发泡材质结构的机型。提升训练可以选用翼展为 1 500～2 400 mm 的油动木质结构的机型。

(1) 固定翼无人机起飞爬升训练

固定翼无人机起飞爬升训练是固定翼无人机从地面滑跑到离地升空的过程。固定翼无人机起飞是由于升力不断增大,直到升力大于飞机重力的结果。而只有当飞机速度增大到一定时，才可能产生足以支持飞机离地的升力，飞机的起飞是一个速度不断增加的加速过程。起飞一般分三个阶段，即起飞滑跑、离地和爬升。影响起飞滑跑距离的因素有油门位置、离地迎角、襟翼反置、起飞重量、机场标高与气温、跑道表面质量、风向风速、跑道坡度等，这些因素一般都是通过影响离地速度或起飞滑跑的平均加速度来影响起飞滑跑距离的。固定翼无人机起飞爬升训练如图 6.5.3 所示。

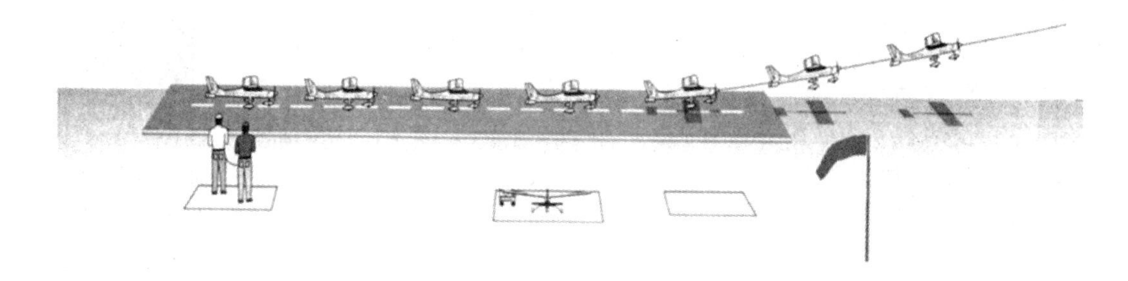

图 6.5.3　固定翼无人机起飞爬升训练

起飞时的注意事项如下：

① 确保无人机一切正常且环境允许飞行后，启动无人机，缓慢推动油门并控制滑跑方向，逐渐增加拉力并缓慢、柔和地持续拉动升降杆。

② 速度达到离地速度时，飞机离开地面。此时由于螺旋高速旋转会产生扭矩，机身会向一侧倾斜，需通过副翼舵配合，使飞机进入平衡爬升状态。

③ 飞机继续爬升，但要控制爬升角度不要超过迎角 30°，过大的迎角会造成飞机发生失速状况。

④ 在不低于 5 m 高度改平飞，提高速度直至达到要求速度，柔和持续地拉动升降杆使飞机爬升，直至达到规定高度。

(2) 固定翼无人机定高平飞训练

① 在飞机完成起飞爬升动作后，飞机应该转入平飞的阶段，并保证不要飞出视线外。

② 平飞时要求飞机不产生俯仰角，尽量保持在同一高度飞行。

③ 直线平飞时，会受到大风和气流的影响，造成侧滑角和左右滚转，可通过副翼和方向舵的配合，使机翼达到水平的状态。

④ 根据飞机俯仰状态、滚转状态做出提前判断，只要通过长期练习，即可掌握定高平飞的训练。固定翼无人机定高平飞训练如图 6.5.4 所示。

图 6.5.4　固定翼无人机定高平飞训练

(3) 固定翼无人机水平转弯训练

① 固定翼无人机水平转弯训练是飞机执行矩形航线最常用到的操作，从起飞航线飞行转向第 1 条航线时需要第 1 次执行飞机转弯操作。

② 在起飞航线即将结束时，通过对副翼舵柔和打舵，使飞机机翼缓缓倾斜 25°～40°的角度后，将副翼舵反向打舵，使飞机回到平飞的状态。

③ 通过方向舵调整机头位置，使机头正对着第 1 条航线。

④ 飞机进入定高平飞的状态，转向训练操作完成。固定翼无人机水平转弯训练示意图如图 6.5.5 所示。

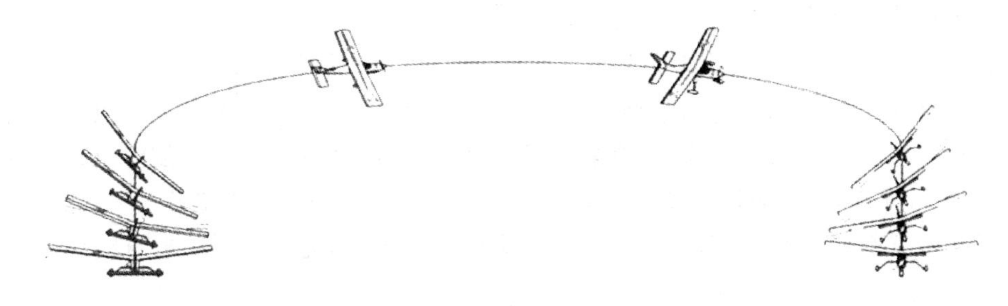

图 6.5.5　固定翼无人机水平转弯训练示意图

(4) 固定翼无人机下滑降落训练

① 固定翼无人机下滑训练要在第 3 条航线开始执行降落步骤时，要求飞机正对第 3 航线开始。

② 执行降落操作时，将飞机在第 3 条航线进入平飞状态并逐渐减小油门，柔和地推升降舵，使飞机进入下滑平飞状态。

③ 根据飞机当前速度执行转弯操作，并将机头调整到正对跑道方向同时将油门收至最小位置，根据飞机距离地面高度调整升降舵拉动的幅度。

④ 飞机逐渐下降并通过副翼舵不断调整，使飞机保持水平下滑动作，飞机高度减小不宜过大，在飞机通过操控者正前方时，飞机起落架触地为最佳时机。

⑤ 飞机触地后，通过控制方向舵，防止飞机发生滚转导致机翼触地的情况，直到飞机完全停止，飞机降落完成。固定翼无人机下滑降落训练示意图如图 6.5.6 所示。

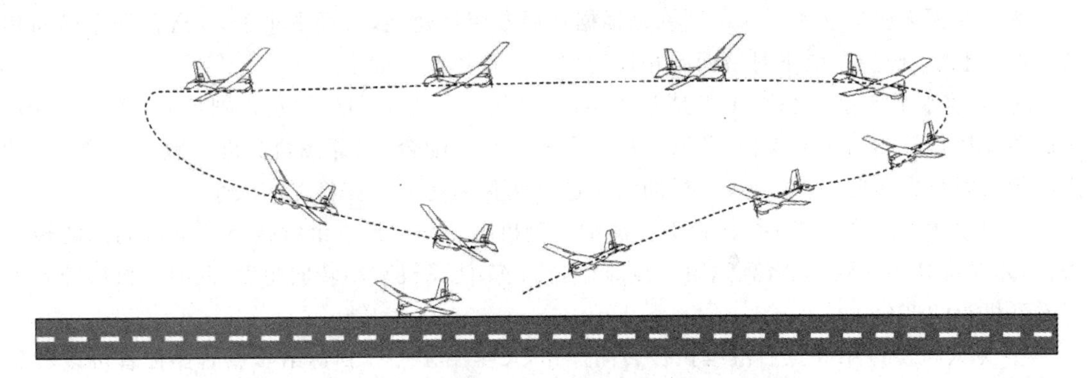

图 6.5.6　固定翼无人机下滑降落训练示意图

2. 提升训练

固定翼无人机提升训练场地需要有每架训练机批准的飞行空域，且有段平坦跑道。相互训练尽量隔开，并且远离建筑物、干扰源，减少围观群众，同时须设置警戒线和警示标牌，用以警示围观人员。

(1) 固定翼无人机矩形航线训练

固定翼无人机矩形航线训练通过选取地面参照物，在空中合适的高度建立一条长边在起降跑道正上方，两条短边与其垂直，另一条长边与其平行的四边航线。固定翼无人机航线训练，一般受空气能见度、风速风向影响较大，更容易产生视觉误差，在这里只介绍飞行流程，具体的操作可根据实际天气情况做出操作的调整。固定翼无人机矩形航线训练示意图如图 6.5.7 所示，具体操作如下：

① 矩形航线第 1 航线为起飞航线的一条长边，首先开始执行定高平飞操作。

② 在到达第 1 转弯操作时，执行转弯操作步骤，完成后进入第 2 条航线并执行平飞操作。

③ 在第 2 转弯处执行转弯操作，并转向第 3 条航线开始定高平飞，如需降落，则此时开始收油门、降低高度，如执行矩形航线训练，则继续保持高度，转向第 4 条航线。

④ 在第 4 航线继续执行定高平飞操作，直到航线结束，即完成一次矩形航线训练。

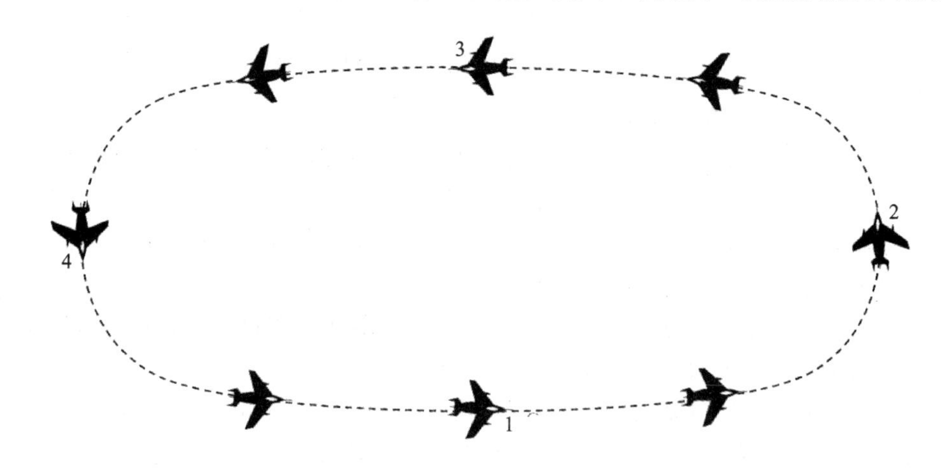

图 6.5.7　固定翼无人机矩形航线训练示意图

(2) 固定翼无人机匀速水平 8 字训练

固定翼无人机匀速水平 8 字训练是根据地面参照物建立，直径不小于 20 m 的两个横向相切的圆形航线，操控者应正对着两圆相切的位置。具体操作如下：

① 匀速水平 8 字训练第 1 点是两圆相切点，从第 1 点柔和地向左打副翼舵，使飞机以较小的角度执行转向前飞的操作，并通过油门和升降舵的配合，保证飞机高度一致。在到达第 2 点时稍微回打副翼舵，根据航线半径的大小进行调整回舵大小和打舵的大小

② 无人机到达第 2 点时，操控者会看到一侧机翼朝向自己。继续执行与上步同向的转向操作，并保持高度一致，即将到达第 3 点时适当回舵，使飞机减小转向角度，此时飞机操控者可以看到机头的部分。

③ 无人机经过第 3 点后继续执行转向操作，飞至第 4 点。到达第 4 点后操控者可以看到另一侧机翼的部分。经过第 4 点后同样执行转向操作，飞回第 1 点。

④ 无人机到达第 1 点后，向另一边执行转向操，转向第 5 点。同样上述的步骤，依次飞过第 6 点、第 7 点、第 1 点。飞机飞回第 1 点后，匀速水平 8 字训练即可完成。固定翼无人机匀速水平 8 字训练示意图如图 6.5.8 所示。

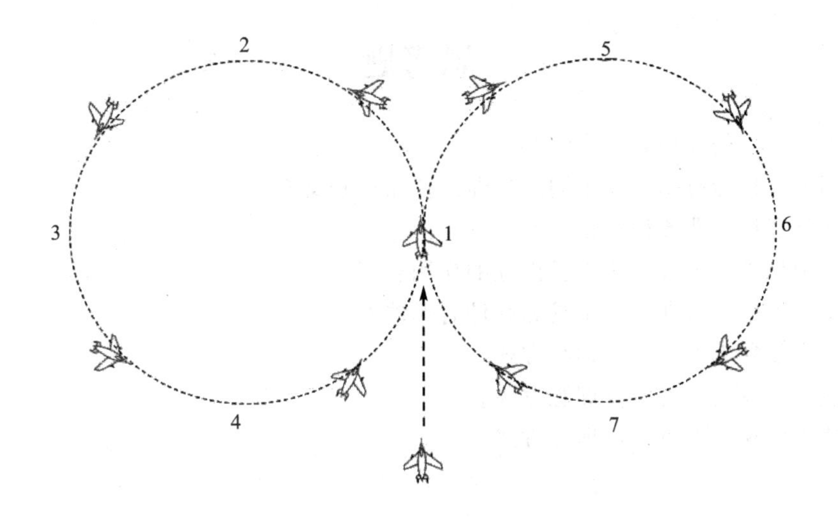

图 6.5.8　固定翼无人机匀速水平 8 字训练示意图

知识点总结

本章主要介绍了无人机操控的方式和设备、无人机模拟训练方式、无人机实操飞行训练方式等，通过本章的学习，学生能够掌握模拟及实飞操控的要点，可为以后考取无人机执照打下基础。本章知识点思维导图如图 6 所示。

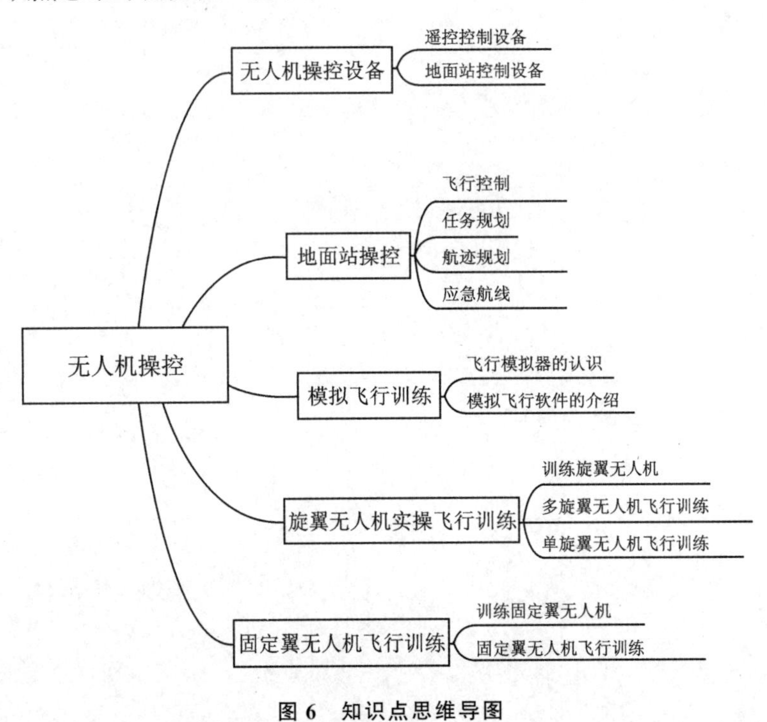

图 6　知识点思维导图

思考题

1. 无人机常用的操控方式有哪些？
2. 常用的遥控器有哪些？不同遥控器的使用区别又有哪些？
3. 地面站操控作业流程有哪些？
4. 简述模拟飞行训练对无人机操控的作用。
5. 常用的模拟飞行训练的工具和软件有哪些？
6. 简述多旋翼无人机飞行训练方式。
7. 简述单旋翼无人机飞行训练方式。
8. 简述固定翼无人机飞行训练方式。

第 7 章　无人机行业应用

伴随着无人机应用技术的不断提升,“无人机”正以难以预测的速度与方式影响着人类,并且已渗透到人类生活的方方面面。

本章从民用领域无人机典型行业应用入手,阐述各行业的无人机应用前景、应用特点、行业应用模块、行业应用技巧等。

7.1　无人机农业植保

本节主要阐述无人农业机植保行业的特点、流程等内容,通过本节的学习,学生不仅可了解更多无人机的行业应用,更能扩展视野。在学习无人机植保作业知识时,要结合当前农业发展状况,深入了解数字化农业进展。

植保无人机作业

7.1.1　行业概括

中国是个农业大国,每年有 18 亿亩农田需要进行植保作业。据官方统计,我国每年农药中毒人数约为 10 万人,农药中毒死亡率约为 20%。随着无人机的出现,无人机植保作业逐步取代了人工作业。

无人机植保行业在中国、日本、美国等国家得到了快速发展。1990 年日本山叶公司推出了首架植保无人机;我国无人机植保首先应用于南方水稻种植地区。据官方统计,截至 2016 年,我国生产专业级无人机的公司有 300 多家,其中 200 多家为植保无人机生产厂家。随着信息技术的发展,植保无人机的 GPS 定位、精准施药等功能将促进无人机植保行业更好地发展。

7.1.2　行业特点

无人机植保作业大多数采用旋翼机,无人旋翼机进行植保作业时,旋翼的下洗气流会增加药物对作物的穿透性,防治效果好,而且使用无人旋翼机进行植保作业比正常人工喷洒药物更加节省成本,作业效率更高,并且喷洒作业人员远距离操作飞机,可避免沾染农药的危险,提高了作业安全性。

7.1.3　植保无人机

植保无人机顾名思义是用于植保作业的无人飞行器,该无人机一般由无人机飞行平台(固定翼、直升机、多旋翼)、导航飞控、喷洒机构三部分组成,通过地面遥控系统或无人机自身的导航控制系统来实现喷洒药物、播种等一系列的植保作业,机保无人机如图 7.1.1 所示。

目前市面上销售的常见植保无人机机型有无人直升机、多旋翼无人机,它们各自搭载植保模块,包括药箱(见图 7.1.2)、喷头(见图 7.1.3)、压力泵(见图 7.1.4)、水管(见图 7.1.5)等。

图 7.1.1　植保无人机

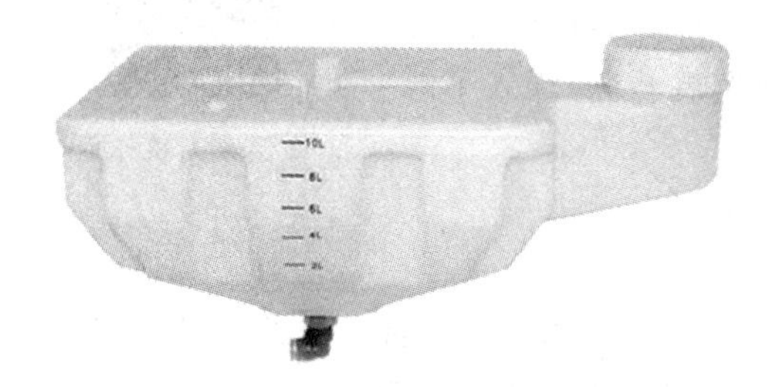

图 7.1.2　药　箱

图 7.1.3　喷　头

图 7.1.4　压力泵

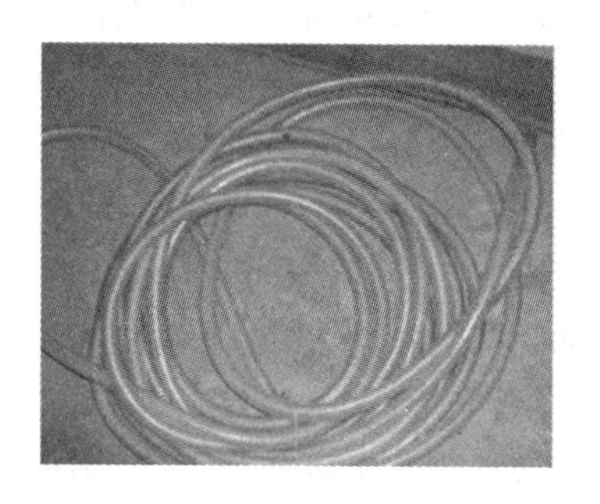

图 7.1.5　水　管

无人直升机植保作业就是在直升机上搭载植保模块进行作业，该机型作业具有作业高度低，飘移少，可空中悬停，无须专用起降机场等优点，另外，无人直升的旋翼产生的下洗气流较大，可以增加药物穿透性，提高喷洒效率，植保无人直升机如图 7.1.6 所示。

多旋翼植保无人机所携带的喷头大多为喷雾式，这种类型的喷头可以大大节省用水量和农药使用量，多旋翼无人机相比于其他类无人机来说操作更加简单，使用门槛较低，多旋翼植保无人机如图 7.1.7 所示。

图 7.1.6　无人植保直升机

图 7.1.7　多旋翼植保无人机

7.1.4　植保作业流程

1. 确定植保任务

确定防治农作物类型、作业面积、地形、病虫害情况、防治周期、使用药剂类型以及是否有其他特殊要求等。

2. 确定植保队伍

在确定植保任务后，就需要确定植保作业人员、植保无人机数量以及运输车辆等。一般农作物都有一定的防治周期，在这个周期内如果没有及时将任务完成，将达不到预期的防治效果。对于植保作业而言，首先应该做到的是保证防治效果，其次才是如何提升效率。

3. 现场勘察与相关物资准备

首先在植保作业之前，要提前查知近几日的天气情况，恶劣天气会对作业造成困扰。

其次是物资准备，电动多旋翼需要动力电池（一般在 5～10 组）、相关的充电器等，如果作业地点不方便充电时可能还要随车携带发电设备。油动直升机则要考虑汽油的问题，因为目前国家对散装汽油管控，所以要提前加好所需汽油或者掌握作业地加油条件（一般采用 97＃），到当地派出所申请农业散装用油证明备案。然后是相关配套设施，如农药配比和运输需要的药壶或水桶、飞控操作人员和助手协调沟通的对讲机，以及相关作业防护用品（眼镜、口罩、工作服、遮阳帽等）。

4. 开始植保作业

植保人员应提前到达作业区，熟悉地形、检查飞行航线路径有无障碍物，确定无人机起降点及作业航线基本规划等。

然后进行农药配置，一般需要根据植保无人机作业量提前配好半天到一天所需的药量。

最后，植保无人机起飞前检查，相关设施测试（如对讲机频率、喷洒流量等），然后报点员就位，飞手操控植保无人机进行喷洒作业。

5. 作业后整理

当天作业任务完毕后，应记录作业结束点，方便第二天继续前一天的作业，为农作物进行喷洒。然后是清洗保养无人机、对植保无人机系统进行检查、检查各项物资消耗（农药、汽油、电池等），记录当天作业亩数和飞行架次、当日用药量与总作业亩数是否吻合等，从而为第二天作业做好准备。

7.1.5 行业案例

安徽省宿州市夹沟镇湖町村 64 岁村民吴某，在使用无人机进行植保作业时收获颇多，无人机的使用不仅使每亩地可以节省很多的药钱，更重要的是他和老伴再也不用担心打药中毒和其他麻烦的问题了。据夹沟镇湖町村党总支书记介绍，该村共有 6 000 多亩土地，3 000 多亩果林，这么多林业资源本应该带领全村人致富，但是由于果树太大喷药难，几乎连年亏损。同时村里的青壮年劳动力都在外打工，只剩下年迈的老人们，行动不方便倒是小问题，老年人不懂得打药防护知识，常常农药中毒。村民小武了解情况后，决定投资 9.8 万元购买一台无人机，村民与无人机操控手小武签订了 2 800 亩麦田喷药协议，帮助村民除虫、除病。

7.2 无人机航拍

本节主要讲述无人机航拍行业的特点、作业流程等，学习本部分的内容，是为了开阔同学们的视野，该部分知识能够使同学们更全面地了解无人机行业。同时学习本节知识应该结合普通摄影方法，从基本做起，更好地学习无人机航拍。

无人机航拍作品

7.2.1 行业概括

航拍又被称为空拍、航空摄影，具体是指从空中拍摄地面，通过机载设备获得所拍物体的俯视图。首个实现航拍的摄影师是纳达尔，他当时在热气球上用摄影机对地面进行了拍摄，虽然作品只具备观赏价值，但却是首位实现从空中观察地球的人。近几年，航拍无人机成了大众消费的主流。

无人机航拍所携带的摄像机可以由操控人员控制，也可以由飞行器自主控制。航拍所用的平台有风筝、降落伞、直升机、多旋翼等。为了保证拍摄效果，在无人机上可搭载云台，云台利用三轴陀螺仪的稳定功能可提供高质量的稳定画面，即使在一些恶劣情况下也十分稳定。

7.2.2　行业特点

无人机航拍能够最大程度减少野外作业量，减轻劳动强度，提高劳动效率，并且不受地理环境的限制，具有迅速、准确、经济等优势。

随着飞行技术、飞机、摄影设备、摄影材料的迅速发展，拍摄出的影片质量日益提高。无人机航拍的用途日益广泛，不仅应用于地理测绘，还在军事、科学研究等方面得到广泛应用。

7.2.3　航拍无人机

航拍无人机是以无人驾驶飞行器作为飞行平台，通过飞行器上的机载遥感设备(高分辨率CCD数码相机、红外摄影仪、激光扫描仪等)获取信息的无人机，如图7.2.1所示。

图7.2.1　航拍无人机

航拍无人机被归类为消费型无人机，操作难度较低，但飞机自身控制系统较为完善。无人机航拍系统一般包括无人机、机载遥感设备、相机、红外扫描仪等。

航拍无人机常用的有多旋翼无人机和固定翼无人机。固定翼无人机可以携带较多的负载，飞行较远的距离，但是不可以定点拍摄，对跑道要求过高。多旋翼无人机操作简单，飞行速度可控，起降要求较低。

下面对几种常见机载遥感设备进行说明。

(1) 云　台

云台是连接无人机机身与相机的装置，其作用一是实现云台的自稳功能，也就是稳像功能，二是控制云台在空间方位的转动。常见的云台有可更换式和不可更换式两种，现在主流航拍无人机都采用可更换式云台，如图7.2.2所示。不可更换式云台，采用一体化的形式，把云台与相机结合在一起，体积较小，使用起来十分方便，还可以增加飞行时间。

(2) 相　机

无人机航拍携带的相机可以是CCD数码相机或CMOS摄像机等各种设备。CCD数码相机具有体积小、质量轻、抗震动、抗撞击等特性，使用尤为广泛。CMOS摄像机的传感器是一种通常比CCD数码相机的传感器低10倍感光度的传感器，可以将所有逻辑和控制环都放在同一个硅芯片块上，使摄像机变得简单并易于携带，因此CMOS摄像机可以做得非常小。

(3) 红外扫描仪

红外扫描仪是指根据被测地物体自身的红外辐射，借助仪器本身的光学机械扫描和遥感平台沿飞行方向移动形成图像的遥感仪器，其成像效果如图 7.2.3 所示。

图 7.2.2 可更换式云台

图 7.2.3 红外扫描仪成像效果图

7.2.4 无人机航拍流程

无人机航拍流程大致如下：

① 提前准备。天气是影响航拍效果的最大因素，所以在接收到航拍任务后，需要先确定天气情况；其次还需要专业的人员对此次任务进行一个系统的规划并做出方案；另外还需要检查航拍所需的设备及工具，保证顺利地完成航拍任务。

② 现场确定飞行路线。到达指定的作业区域之后，要进一步对航拍场地进行检查并确定飞行路线，可根据当时区域现场情况进行改动。

③ 准备云台。根据确定好的航线以及天气情况及时调整光圈与快门，这样才能拍摄出最好的效果。

④ 设备检查。地勤人员需要及时检查所有设备，包括电池电量和设备是否正常运转，要确保万无一失，哪怕最小的事情都会导致事故的发生。

⑤ 确定通信正常，因为有些航拍画面要实时传达。

⑥ 操控手做起飞前的最后检查工作。

⑦ 操控手操控无人机起飞并检查飞行过程中是否存在问题。

⑧ 无人机进行航拍作业时，各岗位工作人员要密切观察飞机情况，一旦发生意外情况要立刻通知操控手进行安全降落。

⑨ 无人机降落后要对信息进行及时的搜集，并且进行机器的整理，为下次飞行任务做好准备。

⑩ 在执行完航拍任务之后，根据客户要求进行原片的后期处理，处理之后发送给客户。

7.2.5 无人机航拍技巧

(1) 前期准备

首先要对时间进行一个选择，在早上和傍晚拍出的作品是不同的，然后对航拍路径进行一个合适的规划，寻找出路径上具有代表性的景物。最后对器材进行选择和检查，不同的拍摄任务应选用不同的云台和相机。

(2) 航拍手法

① 向前推进。

② 向后拉远。

③ 环绕拍摄。

④ 穿越式航拍。

⑤ 翻越障碍物拍摄。

(3) 后期制作

无人机拍摄出来的为原片，我们看到的航拍作品都是经过后期处理的，下面这几款后期处理软件可以使我们的作品更加成功。

① Premiere Pro(简称 PR)是 Adobe 公司的软件，这款软件上手容易，操作简单，而且功能还十分强大，提供了剪辑、调色、美化音频、字幕添加、输出等一整套流程，并和其他 Adobe 软件结合，可使我们解决在编辑、制作、工作流上遇到的所有问题，完成创建高质量的作品，如图 7.2.4 所示。

图 7.2.4　Premiere Pro

② After Effects(简称 AE)是 Adobe 公司推出的一款图像、视频处理软件，适用于制作视频特效，也是电视台、动画制作公司、个人后期制作工作室等机构经常使用的软件，如图 7.2.5 所示。

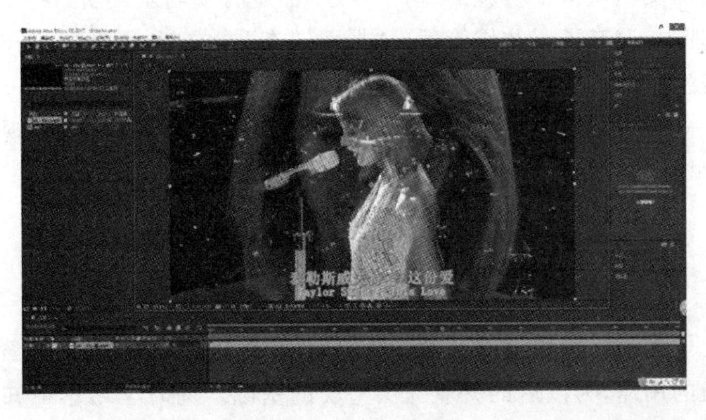

图 7.2.5　After Effects

③ 绘声绘影是加拿大Corel公司制作的一款功能强大的视频处理软件，具有图像抓取和编修功能，还可以转换视频格式，如图7.2.6所示。

图7.2.6　绘声绘影

7.2.6　行业案例

青海省西宁市在创建全国文明城市过程中，采用无人机“航拍巡查”的方式，加大对城区环境卫生督查，对西宁市区以及东川工业园区、多巴镇共20万 m^2 的区域进行航拍巡查，重点拍摄河道、沟渠、建筑工地、家属楼院楼顶、背街小巷、城中村、城乡接合部、公路和铁路沿线的环境卫生状况，并确定垃圾死角的区域位置。建立“航拍问题”整改专项督导机制，城管部门对航拍图片筛选后，将存在的问题及图片及时向各城区及责任部门反馈，各城区、各责任部门根据“航拍巡查”中被拍到的垃圾死角，对照图片开展拉网式排查核实，并进行彻底清理整治。通过无人机“航拍巡查”，县区及责任部门及时整改，城管部门督办，市区污染环境、垃圾死角等得到有效整治。同时，建立了“四个清单”工作制度，城管部门对各县区和责任部门整改情况逐个跟踪销号，并成立专项督查组到各区及责任部门进行督查，根据图片情况和整改实际进行对接督导，确保发现的问题得到了整改落实。

“航拍巡查”带给西宁市一种高效的管理模式，并使城市得到由内而外、由表及里的洁净，使西宁市在创建全国文明城市中实施的“清洁西宁”品牌行动名副其实、深入人心。将“航拍技术”运用到城市管理中，改变了以往城管部门“平面巡查”方式，利用高新科技方法全方位立体式巡查市容环境卫生状况，提高了管理水平和工作效率。目前，西宁市建立了“航拍巡查”长效机制，每季度进行一次航拍巡查，主要对市区环境卫生等情况进行巡查，发现问题及时反馈给市城管部门，由市城管部门督导整治。

7.3　无人机物流运输

本节主要阐述了无人机物流运输行业的特点、流程等内容，学习本节内容是为了使同学们更多的了解无人机的用途，为以后的就业提供坚实的基础。同时学习本节知识应结合当前物流行业的发展，更好地去了解无人机物流运输行业。

7.3.1 行业概括

随着科技的不断进步，无人机的性能也不断提高，应用也越来越广泛。无人机在物流方面的应用主要为无人机快递，即给无人机搭载快递物品进行配送，通过地面控制端对无人机飞行安全进行监控，并确保物品准确送达。无人机物流运输是利用无线电遥控设备和自身的控制程序，来操控无人机进行低空飞行，并将快递物自动送达目的地的过程，如图 7.3.1 所示。

图 7.3.1　物流无人机

7.3.2 无人机物流优势

(1) 直线距离最短

无人机在空中飞行距离为直线，距离短，可忽略地形影响，相比于普通快递运输来说速度提高很多。

(2) 运营成本较低

使用无人机运输快递成本较低，节省人力和时间。京东曾测算，使用无人机送快递之后配送成本将下降 40%～50%。

(3) 效率高、速度快

当前使用的无人机速度普遍较快，多旋翼无人机速度稍逊色于固定翼无人机，但是多旋翼无人机稳定性较好。

(4) 适用于小批量、高频次运输

据亚马逊统计，大部分的快递重量低于 2.5 kg，这意味着大多快递都可以通过无人机配送，相比于其他配送方式，无人机送快递有着得天独厚的优势。

(5) 非常适用于偏远地区和紧急件的派送

无人机送快递非常适合偏远地区及最后一公里配送，既节省时间，又节省成本。相比于其他配送方式来说，无人机配送可以完美的避开大部分问题，而且还能保证速度。

7.3.3 无人机快递系统

1. 无人机快递系统的组成

无人机送快递之所以能够取得有效的成果，离不开无人机快递系统各部分的协同工作，无人机快递系统由快递无人机、自助快递柜、快递盒、快递集散中心、区域调度中心等部分组成。

(1) 快递无人机

快递无人机使用的机型有固定翼和多旋翼，固定翼的续航时间较长，速度较快，负载较高，多旋翼相比于固定翼来说性能比较稳定可控。当快递无人机接到区域调度中心发来的目的地坐标时，无人机会自动飞往自助快递柜。

(2) 自助快递柜

自助快递柜主要是控制飞行降落并与用户取得联系的，用户也可以自己往快递柜内投送快递。

(3) 快递盒

快递盒主要用于包装快递，便于无人机携带，并在快递盒上表明用户信息。

(4) 快递集散中心

快递集散中心主要负责不同地方区域的快递集散。

(5) 区域调度中心

区域调度中心统一管理各自区域所有快递的接收和配送工作，还可以为无人机指派任务。

2. 快递无人机的调度

在无人机快递系统中，对无人机的调度才最关键，既要保证每个快递都能安全送达，还要保证飞机的安全性。调度流程如下：

① 无人机实时向调度中心发送自身的状态信息，如：是否处于任务执行中，调度中心根据接收的信息不断地更新无人机的实时状态，以确保能够及时为无人机安排配送任务。

② 自助快递柜实时向调度中心发送收件派件信息，区域调度中心实时更新快递投送表。

③ 通过区域调度中心更新的快递投送表区分快递的优先级以及快递的目的地和其所在位置信息。

④ 选择合适优先级快递任务的无人机进行执行。

⑤ 区域调度中心向适合的无人机发送快递目的地和所在快递柜位置。

⑥ 无人机到达快递所在快递柜时向快递柜发送请求降落信号。

⑦ 通过利用无人机自身的 GPS 定位系统精确地使无人机着陆和装卸货物。

⑧ 无人机装卸完成后向区域调度中心发送快递到位信息。

⑨ 无人机完成此任务后如有其他任务将继续执行，如果没有其他任务，无人机将自动飞往自助快递柜提供的临时停机位置。

⑩ 快递柜在快递入柜时会向用户发送手机短信，提醒用户收货。

⑪ 如果用户超过快递柜限制的取货时间或长时间未取快递，货物将按照无人机查收的方式回收至附近的快递集散中心储存。

7.3.4 无人机物流标志性事件

1. 京东无人机物流取得新突破

2018 年 2 月 5 日，京东获得民航西北地区管理局授牌的陕西省无人机航空物流多式联运创新试点企业，成为首个以省域为范围进行无人机物流配送的国家级试点企业。

2018 年 3 月 21 日，京东物流无人机成功降落在西安电子科技大学长安校区内，并成功地将快递送到了收货人手中，无人机校园场景的首次配送成功完成。

2018 年 3 月 26 日，一台无人机从海口市出发，成功完成卸货、飞行、返航等程序，海南首单无人机配送成功完成，意味着海南第一个无人机配送站的成功启用。

无人机物流典型事例

2. 苏宁无人机物流技术发展

2017 年底，苏宁在安徽农村完成了首单配送，并在安徽省的怀远县和金寨县也建立了无人机配送航线，三条航线同天进行了实景配送。苏宁计划在全国建设 5 000 个无人机智慧物流枢纽。

2018 年 5 月在“全球智慧物流峰会”上，苏宁和月易瓦特合作开发的无人机亮相。这款无人机为油动垂直起降固定翼，载重 5 kg，飞行航程可达 100 km 以上，成熟的飞控实现了固定翼与多旋翼模式切换，飞行安全性更高。

3. 亚马逊获得新专利

2018 年 3 月底，亚马逊获得一项无人机新专利，据报道该物流无人机可以识别收货人的手势动作，理解收货人的意图并实时做出回应。这些动作包括讲话、挥舞手臂、使用灯光等。

4. 顺丰获得首张无人机运营许可证

2018 年 1 月 24 日，顺丰在山西、云南通过无人机对物质进行了运输。

2018 年 3 月 27 日，顺丰子公司江西丰羽顺途科技有限公司获得中国民用航空华东地区管理局颁发无人机航空运营(试点)许可证。这是国内颁发的首张无人机运营许可证，意味着无人机可以在指定空域进行商业化运营。

随着电商爆炸式发展以及劳动力成本的增加，将会有越来越多的电商与物流企业积极借助无人机快递或机器人快递来降低成本、提高效率。近几年如果想要实现无人机满天飞是有些困难的，毕竟无人机也要遵守法律，但是目前无人机送货已经成功实现了边远地区配送货物。京东、顺丰等物流公司，实现真正的无人机送货指日可待。

7.4 无人机航测

本节主要阐述了无人机航测行业的特点、作业流程等内容，为同学们提供更丰富的知识，也为同学们以后的就业奠定坚实的基础。在当前无人机应用发展中，无人机测绘行业一直处于无人机应用中上阶段，发展前景广阔。学习本节内容应该结合传统测绘方法，了解基本测绘原理，可以更好地学习无人机航测行业。

7.4.1 行业概括

无人机航测是一种以大气层内的飞行器为测量载体的对地测绘手段，其测绘对象是地面物体的位置关系，目的是通过无人机拍摄获得的数据来绘制大地坐标，通常采用的方法是航空摄影测量，如图 7.4.1 所示。

无人机航测是传统航空测量手段的有力补充，它具有成本低、周期短、精确度高等一系列特点，在小区域和复杂区域有突出的特点。随着无人机与数码相机技术的发展，无人机与航空摄影测量相结合使得“无人机数字低空遥感”成为航空遥感领域一个崭新的发展方向。

图 7.4.1　无人机测绘

7.4.2　航测无人机

航测无人机(见图 7.4.2)搭载了一系列模块,如航测模块、视频模块、倾斜模块、热红外模块、近红外模块等,这些设备共同作用,可完成一系列的航测任务。

航测无人机
作业展示

无人机航测系统包括无人机系统、任务载荷系统、数据处理系统。无人机系统主要包括无人机驾驶航空器、地面站、卫星通信导航系统,最常使用的无人机类型为固定翼无人机和垂直起降固定翼无人机,有些情况下也会使用多旋翼无人机和无人直升机。

任务载荷系统主要包括倾斜摄影相机、光学传感器、红外扫描仪、机载激光雷达等。

① 倾斜摄影相机是近几来发展起来的一种新兴测绘技术,它颠覆了传统垂直拍摄的理念,并且从不同角度更全面地感知信息。倾斜摄影机采用五镜头相机,除此之外还有三镜头、两镜头等相机。

② 机载激光雷达是激光探测及测距系统,它集合了 GPS、IMU、激光扫描仪的特点,广泛应用于地形测绘、森林资源测绘、浅滩测绘、气象测绘和武器制导等方面,如图 7.4.3 所示。

图 7.4.2　航测无人机

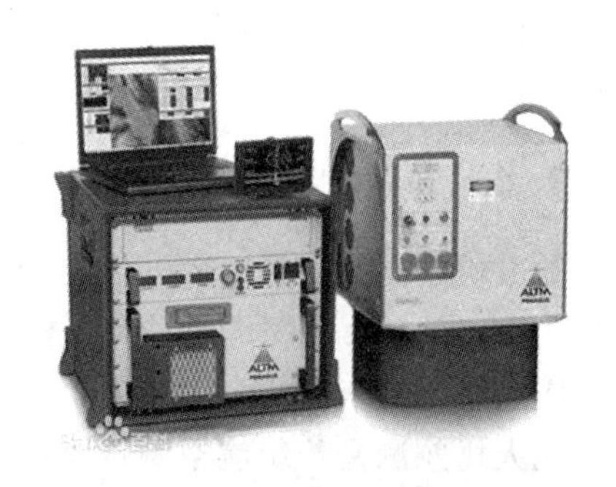

图 7.4.3　机载激光雷达

7.4.3　行业特点及航测使用软件

1. 无人机航测特点

无人机航测有如下特点：

① 快速航测反应能力。

② 突出的时效性和性价比。

③ 监控区域受限制小。

④ 地表数据获取快速及建模能力强。

2. 航测使用软件

(1) LiDAR360 激光雷达点云数据处理分析软件

LiDAR360 是数字绿土自主研发的一个专业的点云处理软件，它包含了丰富的点云数据处理工具，可以有效地可视化、编辑、分析以及生成面向不同行业的地理空间产品，如图 7.4.4 所示。

(2) LiPlan 激光雷达地面站软件

LiPlan 是数字绿土自主研发的一款针对无人机激光雷达系统的地面站 APP，可实现无人机一键起飞按规划路径自动采集点云/影像数据，实时显示激光雷达状态参数及无人机状态参数，作业结束后无人机自动返航或自动悬停后由飞控手控制返航，如图 7.4.5 所示。

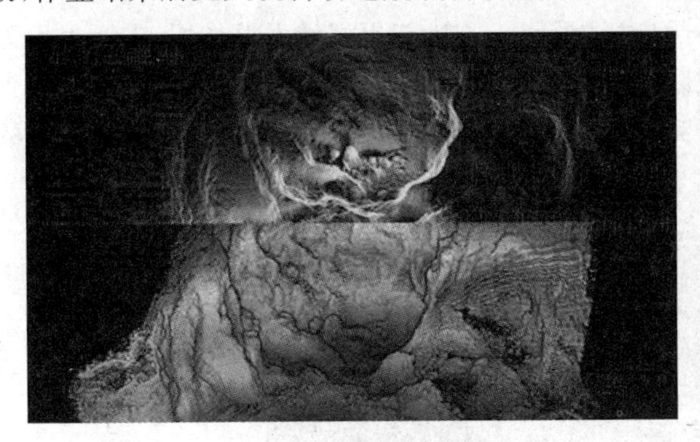

图 7.4.4　LiDAR360

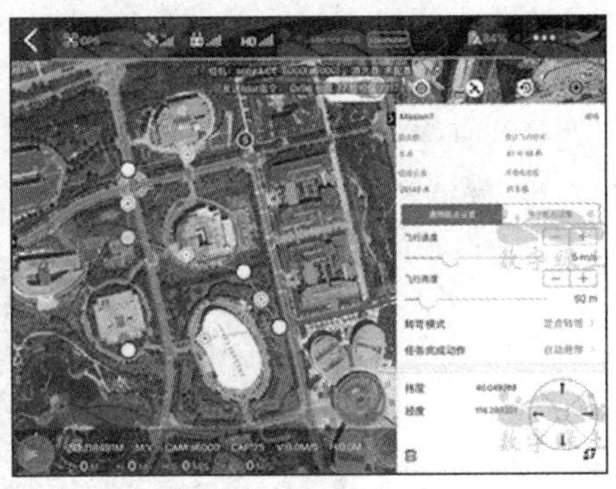

图 7.4.5　LiPlan

7.4.4　无人机航测流程

无人机航测一般流程如下：

① 查看天气情况。无人机航测的好坏与天气有很大的关系，出发进行作业之前，要对云层厚度、光照、能见度等天气情况进行观察。

② 到达起飞场地。确定好起飞地点之后，携带相关设备前往，起飞点周围要求无较高建筑物且路面平坦。

③ 测定风速及风向。

④ 摆放弹射架。

⑤ 连接数传及天线。

数传用于无人机与地面端之间的通信，现阶段大部分测绘无人机都使用数传完成无人机与地面端的数据交换。

⑥ 姿态角度调整。对于距离上一次起飞地点超过 200 km 的起飞地点,需要对无人机姿态、角度进行调整。无人机机体内有磁罗盘,校准磁罗盘以保证无人机正常的姿态控制。

⑦ 手动遥控测试。将飞行模式调至手动模式,测试飞机能否正常操纵,确保遇到紧急情况时的应急处理。

⑧ 起飞前准备。

⑨ 无人机起飞。起飞时选择逆风起飞。

⑩ 飞行监测。监测四个方面:对航高、航速、飞行轨迹的监测;对发动机转速、空速、地速的监测;对电压、电量的监测;对拍摄航片的数量进行检查。

⑪ 无人机降落。

⑫ 数据导出。降落后下载数据,检查有无缺漏是否需要复飞。

⑬ 完成当天的飞行日志。

7.5 无人机编队飞行

随着无人机行业的高速发展,无人机频繁出现在我们的视野之中。本节主要阐述了无人机编队飞行行业现状以及编队飞行原理,为同学们开阔视野,了解更多无人机行业应用。本节知识应该结合各类无人机编队飞行表演视频学习,可以更好地了解无人机编队飞行行业。

无人机在军事和民用领域的应用越来越广泛,为使无人机能更好地发挥作用,需要采用无人机编队飞行控制来执行协同侦察、作战、防御及喷洒农药等任务。无人机编队飞行是多架无人机为适应任务要求而进行的某种队形排列和任务分配的飞行组织模式,既包括编队飞行的队形产生、保持和变化,也包括飞行任务的规划和组织,如图 7.5.1 所示。

图 7.5.1　无人机编队飞行

无人机编队飞行是多个飞行器协同完成任务的飞行,单无人机搭载的设备有限,而编队飞行作业的无人机组可以分散搭载设备,将同一个任务分配给编队中的不同无人机,可以高效率地完成任务。而且多架无人机还可以搭载不同的设备,共同协作完成单个无人机不能完成的任务,如多角度成像、高精度定位等。如果在任务飞行中出现问题,单个无人机就意味着任务失败，对飞行编队的无人机来说，仅仅是任务的完成度受到了影响，此时可以加入备用的无人机来解决问题。

无人机编队飞行表演

目前无人机编队飞行取得了丰富的成果，如亿航白鹭、英特尔等公司举行的飞行表演。随着科技的不断发展，未来会出现异构多无人机之间的协同合作，通信环境也会更加复杂，各种无人机协同编队通信技术更需要提高，以免出现影响任务完成的问题。

知识点总结

本章主要讲述了无人机在民用领域的应用以及各行业使用的飞机类型和行业应用模块。作为一名无人机初学者，应了解如何更好地学习无人机，学习无人机能做什么。通过学习本章内容，能更加深入地了解各类无人机行业应用。本章知识点思维导图如图 7 所示。

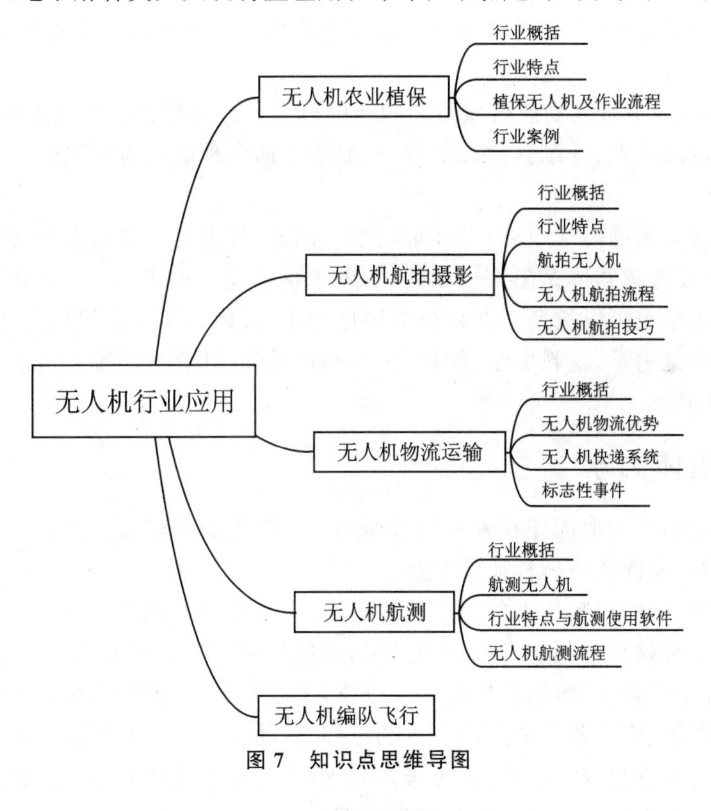

图 7　知识点思维导图

思考题

1. 多旋翼植保无人机植保模块由什么组成？
2. 简述无人机航拍流程。
3. 简述无人机航拍技巧。
4. 无人机航测使用的软件有哪些？
5. 简述无人机航测流程。

第8章　无人机设计与开发

本章要给同学们介绍无人机设计与开发的应用，让同学们了解无人机是如何设计的。本章主要作为无人机的延伸内容，从飞行器设计常用力学开始介绍，到气动外形的设计，最后是飞行控制系统的开发。本章可以作为对无人机设计与开发有兴趣的同学的拓展内容，建议有兴趣的同学对本章涉及的软件进行自主学习。

8.1　航空力学

为了使同学们了解材料受力的原理及选取材料的标准，本节主要阐述航空力学的基本知识，该部分知识能够为同学们动手制造飞行器打下基础。本节知识不易理解，可结合伯努利定律和连续性原理学习。

力学(mechanics)是研究物质机械运动规律的科学。自然界物质有很多种层次，从宇宙体系、常规物体、细微的颗粒、纤维到微观的分子、原子。通常理解的力学以研究天然的或人工的宏观对象为主。

力学可以大致分为静力学、动力学和运动学三部分，静力学主要研究力的平衡或物体的静止问题；运动学主要考虑物体是怎么运动的，不考虑物体受力的关系；动力学讨论物体运动和所受力的关系。力学也可以按所学对象分为固体力学、流体力学等。根据研究对象的不同，固体力学可以分为理论力学、材料力学、结构力学、塑性力学、计算力学等。流体力学包含流体静力学、流体动力学等。

8.1.1　固体力学

固体力学研究的是变形固体在外界因素作用下所产生的位移、运动应力、应变和破坏等力学知识，是力学中研究固体机械性质的学科。

在固体力学中，线性材料模型的应用最为广泛，但是很多材料是具有非线性特性的，随着新材料的应用和原有材料达到它们应用的极限，非线性模型的应用更加广泛。固体力学是力学中形成较早、理论性较强、应用较广的一个分支，主要研究可变形固体在外界因素(如载荷、温度、湿度等)作用下，内部各个质点所产生的位移、运动、应力、应变以及破坏等的规律。

固体力学作为力学主分支，下面也有很多分支，在飞行器设计上用到的固体力学主要分支有：材料力学、塑形力学、结构力学、复合材料力学等。

1. 材料力学

材料力学是固体力学的一个分支，是研究结构构件和机械零件承受载荷能力的基础学科。材料力学的基本内容有：将工程结构和机械中的简单构件简化为一维杆件，计算杆件中的应力、变形并研究杆的稳定性，以保证结构能承受预定的载荷；选择合适的材料、截面形状等，设计出安全、经济的结构和机械零件。

在结构承受载荷和机械传递运动时，为保证各结构部位能够正常工作，构件和零件必须符合以下要求：①不会发生断裂，具有足够的强度；②构件在受力时不会发生超过工程规定范围的弹性变形,具有足够的刚度;③能够保证每个部件稳定平衡,不会失去稳定性。对强度、刚度、稳定性三方面的要求称为材料力学的强度要求。

2. 塑性力学

塑性力学是固体力学的一个分支,是研究物体超过弹性极限后所产生的永久变形和作用力之间的关系以及物体内部应力和应变的分布规律的学科,塑性力学与弹性力学的区别在于塑性力学考虑物体体内产生的永久变形,而弹性力学不考虑。塑性力学和流变学的区别在于,塑性力学考虑的永久变形只与应力和应变的历史有关而不随时间变化,而流变学考虑的永久变形与时间有关。

一般将塑性力学分为数学塑性力学和应用塑性力学,其含义同将弹性力学分为数学弹性理论和应用弹性力学类似。前者是经典的精确理论,后者是在前者各种假设的基础上,根据实际应用的需要,再加上一些补充的简化假设而形成的应用性很强的理论。从数学上看,应用塑性力学较粗糙一些,但从应用的角度看,它的方程和计算公式比较简单,并且能满足很多结构设计的要求。

3. 结构力学

结构力学是固体力学的一个分支,主要研究工程结构受力和传力的规律,以及如何进行结构优化。结构力学研究的内容包括结构的组成规则,结构在各种效应(外力、温度效应等)作用下的响应,包括内力(剪力、扭矩、弯矩等)的计算,位移(线位移、角位移)的计算,以及结构在动力载荷作用下的动力响应的计算等。结构力学通常有三种分析方法:能量法、力法、位移法,由位移法衍生出的矩阵位移法后来发展出有限元法,有限元法成为利用计算机进行结构计算的理论基础。

从力学的角度来评判结构的优劣,主要是看结构的强度和刚度。工程结构设计既要保证结构有足够的强度,也要保证它有足够的刚度。强度不够,结构容易破坏;刚度不够,结构容易皱损或出现较大的振动,或产生较大的变形。皱损能够导致结构变形而被破坏,振动能够缩短结构的使用寿命,振动与变形都会影响结构的使用性能。

4. 复合材料力学

复合材料力学是固体力学的一个新兴分支,主要研究由两种或多种不同性能的材料、在宏观尺度上组成的多相固体材料,即复合材料的力学问题。复合材料具有明显的非均匀性和各向异性性质,这是复合材料力学的重要特点。复合材料由增强物和基体组成,增强物主要起着承受载荷的作用,它的几何形式有长纤维、短纤维等;基体起着黏结、支持和传递应力的作用,常采用橡胶、石墨、树脂等材料。

现代最重要的复合材料有两类:一类是纤维增强复合材料,主要是长纤维铺层复合材料;另一类是粒子增强复合材料,现如今在军用方面应用较为广泛,如飞机、火箭、导弹、坦克、常规装备等,都采用了纤维增强复合材料。在民用方面,如运输工具、机器、仪表部件、人体工程、医疗器械等方面也都开始逐渐使用粒子增强复合材料。

复合材料具有如下几方面特性。

① 复合材料的比强度和比刚度较高。

② 复合材料的抗疲劳性较高。

③ 复合材料的减震性能良好。

④ 复合材料通常都耐高温。
⑤ 复合材料的安全性较好。
⑥ 复合材料的成形工艺简单。

8.1.2 流体力学

流体力学为力学的一个分支，主要研究流体在各种力的作用下，流体本身的静止状态和运动状态以及流体和固体界壁间有相对运动时的相互作用和流动规律。流体力学在航空器设计领域具有很重要的地位，无论是何种结构的飞行器均需要考虑气动力学方面的问题，此外流体力学由于理论基础广阔，还被分出许多分支，如图 8.1.1 所示。

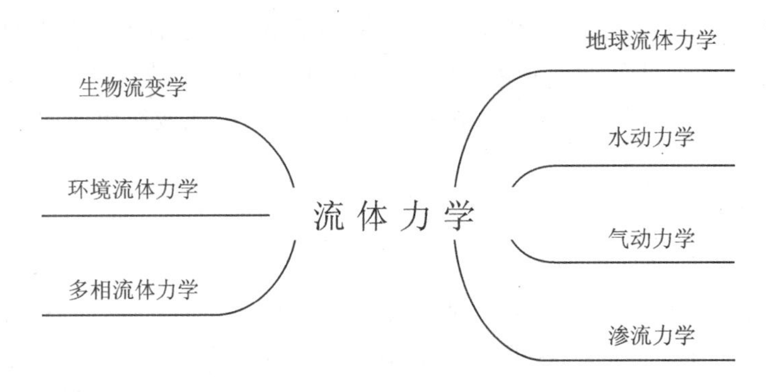

图 8.1.1 流体力学分支

流体力学的主要内容包括连续性假设、质量守恒、动量定理、能量守恒等。

1. 连续性假设

大气层中的物质都由分子构成，尽管分子都分散没有布局地做无规则的热运动，但是实验和理论表明，在一定范围内，做热运动的流体分子微团的统计平均值是稳定的。因此可以近似的认为流体是由连续物质构成的，其中的温度、密度、压力等物理量都是连续分布的标量场。

2. 质量守恒

质量守恒目的是建立描述流体运动的方程组。欧拉法描述为：流进绝对坐标系中任何闭合曲面内的质量等于从这个曲面流出的质量，这是一个积分方程组，化为微分方程组就是：密度和速度的乘积的散度是零(无散场)。

3. 动量定理

经典力学包括流体力学，因此动量定理也适用于流体微元。

4. 能量守恒

单位时间内体积力对流体微团做的功加上表面力和流体微团变形速度的乘积等于单位时间内流体微团的内能增量加上流体微团的动能增量。

8.1.3 飞行力学

飞行力学是研究飞行器在空中飞行时所受到的力和运动轨迹的学科，通俗讲就是研究飞机飞行时的受力情况，即如何调整飞行状态和飞行轨迹，以及如何保持需要的飞行姿态。飞行力学是在空气动力学的基础上对飞机飞行控制领域进行更加专业深入的研究。从狭义上来说，传统飞行力学主要采用力学原理研究飞行器的运动规律和特性，是力学学科的分支。但是从广义上来说，由于飞行器运动特性与飞行器所受的空气动力、发动机推力及飞行器结构弹性变形、飞机控制等密切相关，直接决定了飞行器的总体特征、任务能力和使用需求，已成为飞行器设计的出发点和归宿。

飞行力学在失速机动战斗机、无人作战飞机、大型运输机等方面有着十分广泛的应用。飞行力学主要朝着气动、结构、控制研究方向发展，通过建立一体化的设计技术和方向，以实现飞行器动力学特性及任务能力最优的设计目标，解决新概念飞行等涉及的飞行力学问题。

8.2　无人机机体设计工具和制作方式

本节主要阐述了无人机机体设计工具和几种常见无人机机体的制作方式，从无人机机体原材料的选取，到涉及的制作工艺，再到选取机体结构设计工具逐一介绍，整体的概括了无人机设计的流程，更全面地给同学们介绍怎么将自己的飞行器创意想法变成现实。

8.2.1　无人机机体设计工具

如果选取椴木层板、碳纤维板、KT 板和 PVC 发泡板等平面的材料可以选用 AutoCAD 的绘图工具，进行机体平面设计，完成总体设计后将各部件转成二维切割图纸，便于使用激光切割机切割。

如果选用 PLA、ABS、尼龙材质，则可以选用 Soildworks 设计软件进行机体设计，完成设计后，可以用 3D 打印机进行打印出机身主体结构，3D 打印机如图 8.2.1 所示。

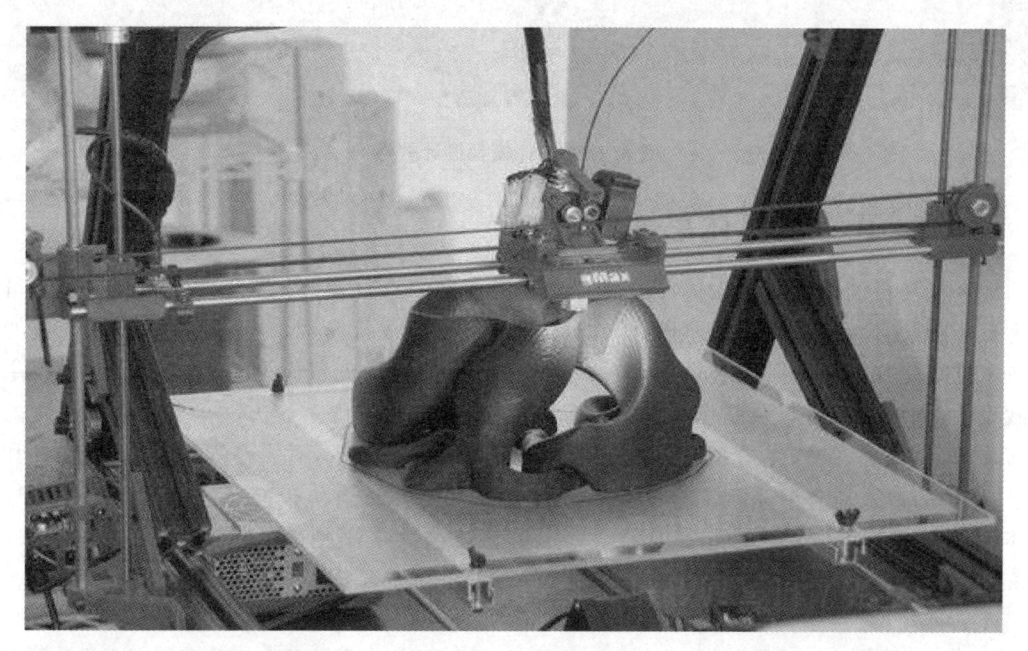

图 8.2.1　3D 打印机

3D 打印技术是以数字模型文件为基础，运用特殊蜡材、粉末状金属或塑料等可黏合材料，通过打印一层层的黏合材料来制造三维物体的。3D打印机的原理是把数据和原料放进3D打印机中，打印机会按照程序把产品一层层造出来。

3D 打印机介绍

如果选用EPO、EPP等发泡材质作为机体的主要结构，这种材质的制作首先需要对无人机整体机身进行设计，然后进行飞行器气动软分析，经过反复修正，得到最合理的模型数据，再使用UG模型设计软件（见图8.2.2)，进行机体的模具设计，通过发泡注塑机即可得到完整的机身。

如果采用碳纤维复合材料作为机身的主要材质，可以采用模具压制的工艺得到机身结构，这种工艺常应用在大型固定翼无人机设计上，也是制作工艺最复杂，成本最高的一种制造方式。

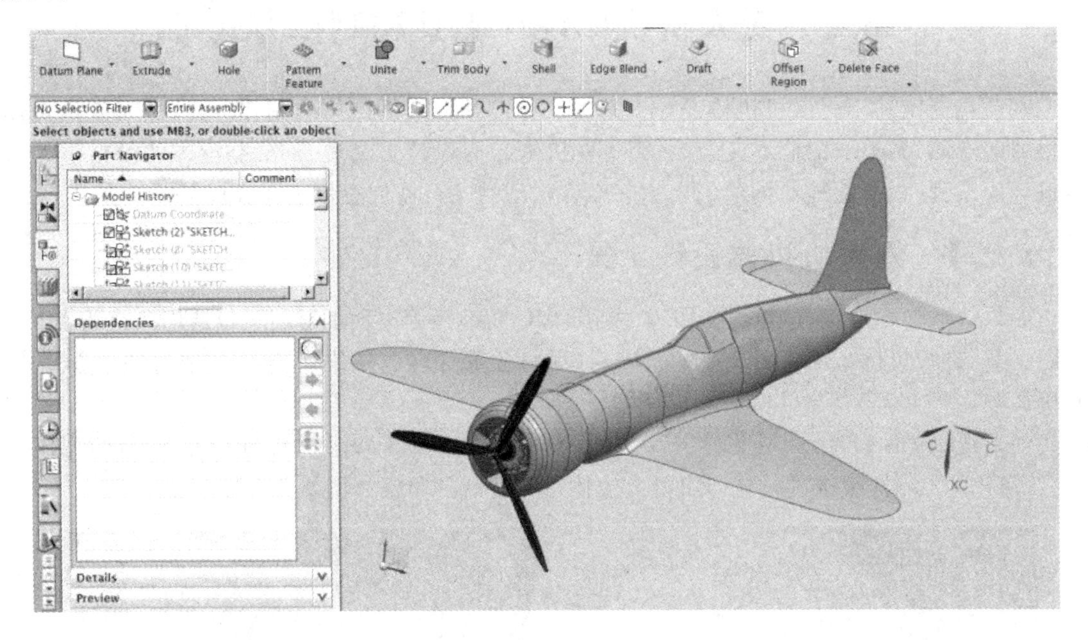

图 8.2.2 UG 模型设计软件

8.2.2 无人机机体总体设计

无人机飞机的设计研制大体可以参考载人飞行器的设计流程，载人飞机的研制大体可以分为五个阶段：论证阶段、方案阶段、工程研制阶段、定型设计阶段、产量定型阶段。飞机的总体技术方案是在前两个阶段进行的，前两个阶段需要确定飞机布局形式、总体设计参数、主要机载设备、机体选用材料及制作工艺、选定动力装置和选定主要系统方案等。从而对飞机的总体布局图、三面图、结构受力系统、中心定位、飞行性能进行分析，对操作安定性、结构强度和刚度进行计算，以及对各分系统的技术要求进行分析。飞机的气动布局、结构定型、尺寸型号等整体设计是决定飞机性能最重要的因素。飞机整体设计常用到的软件有Advanced Aircraft Analysis(AAA)(见图8.2.3)、Shark FX－AP(见图8.2.4)、PIANO等设计软件。

AAA设计软件是美国DAR公司主要的飞机设计软件，广泛应用于各航空工程大学、飞机制造商、军事组织等飞机设计行业。这款软件包含飞机设计所有专业的设计功能，具有大量飞机设计工程经验和数据，并一直在持续更新数据。并且AAA设计软件具备模拟风洞实验的功能，同样风洞试验的数据也在持续的更新。

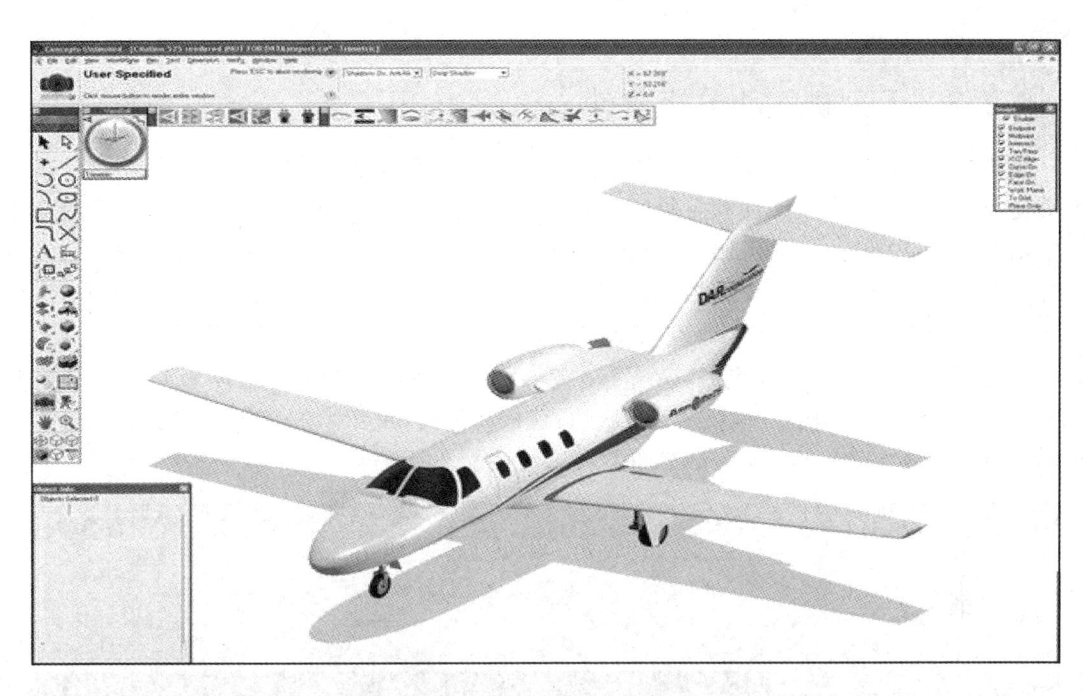

图 8.2.3　Advanced Aircraft Analysis

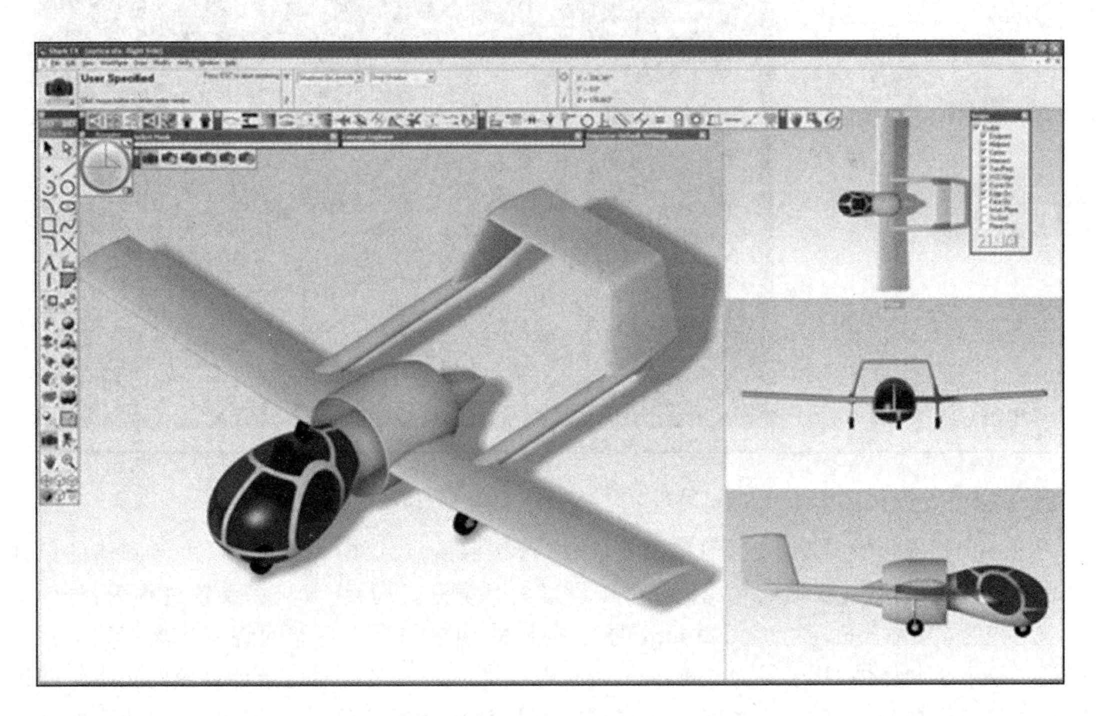

图 8.2.4　Shark FX - AP

AAA 设计软件的不足之处是：整款飞机软件不能直接将导入常用的三维建模软件或模具设计软件，而是需要另一款三维建模软件 Shark FX - AP 将飞机机体设计的文件进行格式转换，转换成常用的 DWG、DXF、IGS 格式文件，这样就又可以在 AutoCAD、CATIA 等常用的三维设计软件中进行下一步制作。这款软件在飞机设计工作中，还适用于概念构思、概念展示、初步外形设计等。

8.2.3 无人机气动分析软件

早期的飞行器气动分析只能通过风洞实验进行计算流体力学的数据，虽然风洞试验具有能够比较准确地控制实验条件和实验项目内容的多样性等优点，但是边界效应、支架干扰和相似准则不能满足的缺点却无法避免。随着计算流体力学(CFD)的进步，一款能够进行气动特性分析的软件 ANSYS Fluent 诞生了，其很好地解决了风洞试验产生的数据误差问题。ANSYS Fluent 软件的产生和发展，使空气动力的计算变得越发便捷和准确，所需的空气动力参数的获得变得更加简便、精度更高，提高了系统性能和研制质量，缩短了研制周期、减少了实验成本。ANSYS Fluent 软件可以对飞行器进行建模和仿真，并可计算得出所需的阻力、升力和俯仰力矩等参数。ANSYS FLuent 软件界面如图 8.2.5 所示。

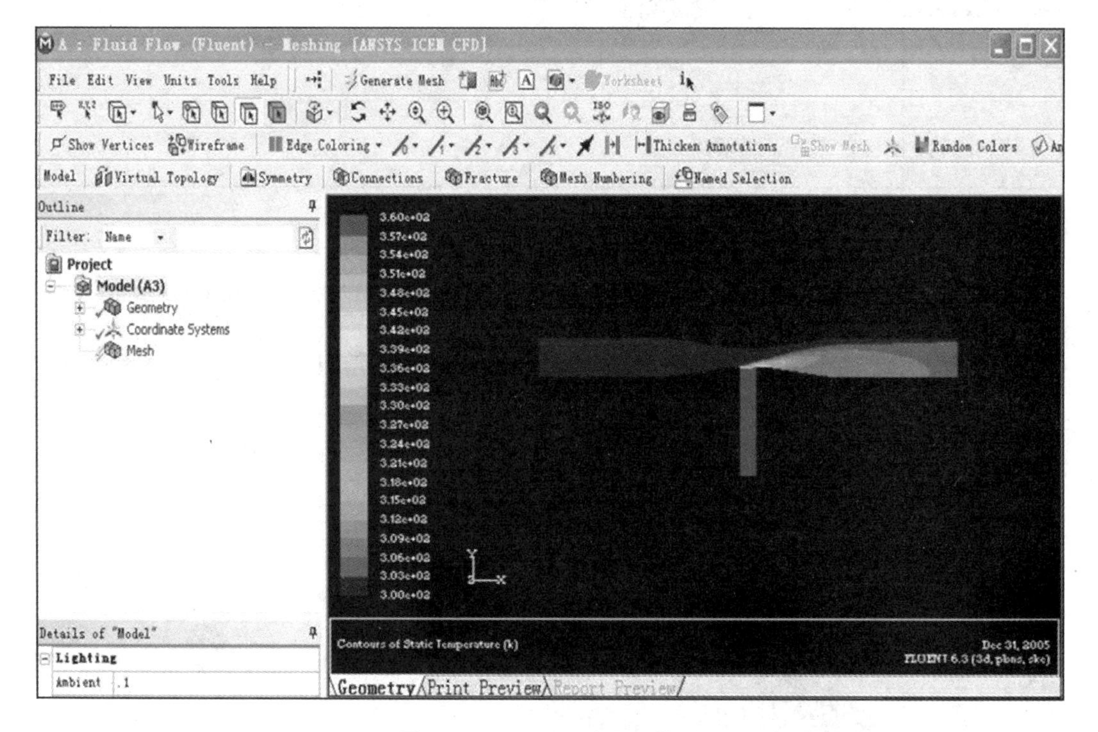

图 8.2.5 ANSYS Fluent 界面

Fluent 软件包的前置处理器 Gambit 软件，可按照由点到线，由线到面，由面到体的原则对飞行器进行建模，并根据尺寸比例在外围设置一个绕流流场，绕流流场设置过程为：外围是一个半径为 7 200 mm，高为 3 600 mm 的大圆柱体，用来作为飞行器的绕流流场。大圆柱内部设了一个小圆柱体，其半径为 1 800 mm，高为 3 600 mm(飞行器位于计算域的正中)，并进行较密的网格划分，两个圆柱之间的区域可将网格划分得稀疏些，这样既保证了计算的准确性，又减少了计算量。飞行器的舵翼部位采用密集的网格划分，以反映气流的剧烈变化，头部和弹体采用两头密、中间稀的网格划分；由于飞行器是轴对称的，为了提高计算效率，减少计算时间，取整个模型的一半进行计算。

8.2.4　平面切割设计软件

激光切割机
工作演示

在无人机机体设计过程中，常用到的原材料为平面板材。这种情况下可以通过使用三维建模软件 AutoCAD 进行机身的设计，在验证合理的情况下，可以将立体模型转成二维平面图纸，通过激光切割机（见图 8.2.6）进行各部分切割，将切割完成的结构再进行整体拼装，即可制作出常用的无人机机型。

AutoCAD 是一款计算机辅助设计软件，在工程和产品设计中帮助设计人员担负计算、信息存储和制图等工作，其界面如图 8.27 所示。设计人员通常用草图开始设计，将草图变为工作图的繁重工作可以交给计算机完成。利用计算机可以进行图形的编辑、放大、缩小、平移和旋转等有关图形的数据加工工作。设计中通常要用计算机对不同方案进行大量的计算、分析和比较，以决定最优方案；各种设计信息，不论是数字的、文字的或图形的，都能存放在计算机的内存或外存里，并能快速地检索。

图 8.2.6　激光切割机

AutoCAD 软件介绍

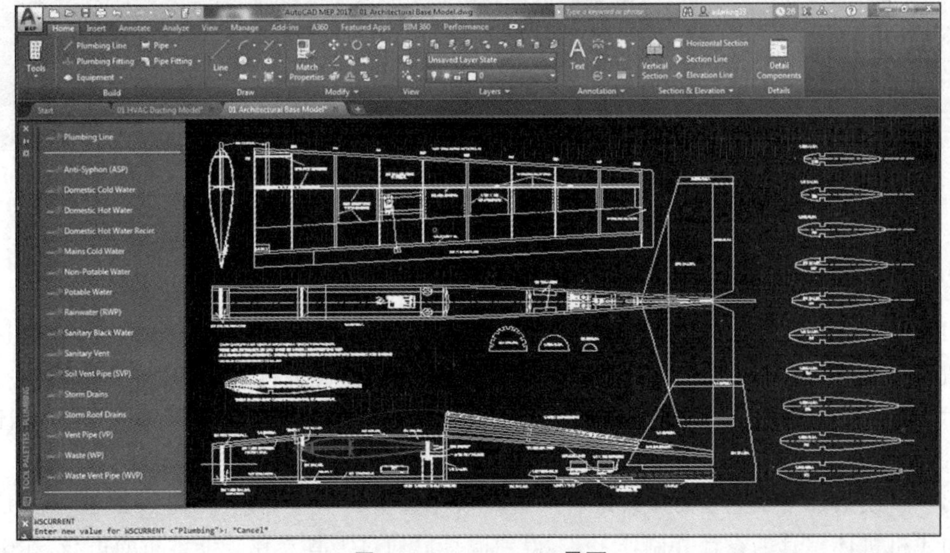

图 8.2.7　AutoCAD 界面

8.2.5　3D 打印设计软件

随着 3D 打印技术的成熟，其在无人机设计中也得到了广泛应用，不仅仅是无人机零部件的加工，整个机体都可以通过 SolidWorks 进行设计，通过 3D 打印机将设计出的飞机机体打印出来。由于常见的 3D 打印机的尺寸较小，设计出的飞机部件较大时，可以将各部件切割处理，将大的部件分割成合适的尺寸，再通过 3D 打印机进行打印，然后将打印出的各部分进行拼接处理，即可得到完整的无人机机体。

3D 打印机常用到的设计软件是 SolidWorks，其界面见图 8.2.8)。这款软件是世界上第一个基于 Windows 开发的三维计算机辅助设计系统，这款软件具有功能强大、组件多、易学易用和技术创新等特点，能够提供不同的设计方案、减少设计过程中的错误以及提高产品质量。

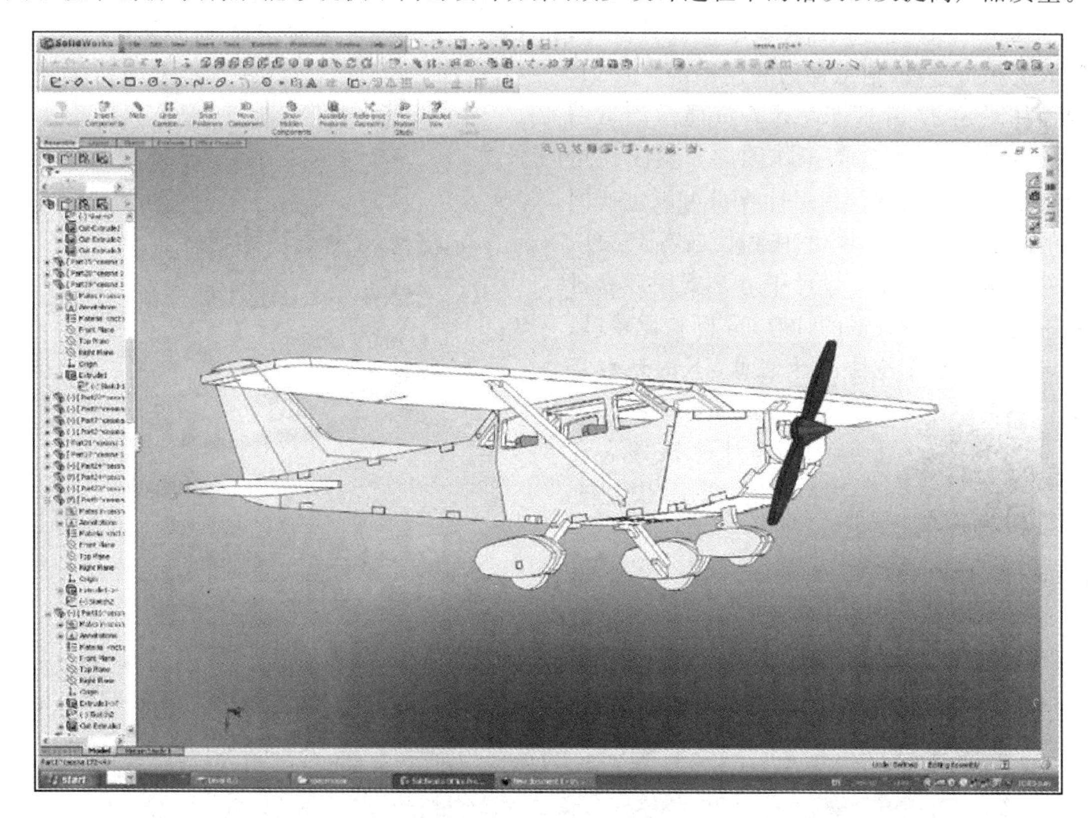

图 8.2.8　Soildworks 界面

8.2.6　模具注塑和模压工艺介绍

目前工业级固定翼无人机的制造，主要采用模具注塑的加工方式(见图 8.2.9)，这是一种将飞机通过三维建模软件进行机体设计，完成修改定型后，再进行机体各部件的模具设计，然后通过 EPO、EPP 等材质浇注到模具中，进行加工得到机体。模具的设计常用到的设计软件为 UG(Unigraphics NX)，其在模具设计方面有自己独特优势的三维建模软件。

另一种模具加工工艺是对碳纤维材质进行模压成型的制作工艺(见图 8.2.10)，这是一种通过对飞机机体模具的设计并制作工艺，得到模具后通过夹具夹住碳纤维布的边缘，在碳纤维布上均匀刷上环氧树脂胶，将夹具上的碳纤维布支撑在下模模腔上方，在夹具和机架之间设置弹性装置，通过加热模具，驱动上模均匀下移，直到上下合模。等待压制完成，冷却定型后再进行脱模，即可得到碳纤维的机身，这是碳纤维材质常用到的加工工艺。

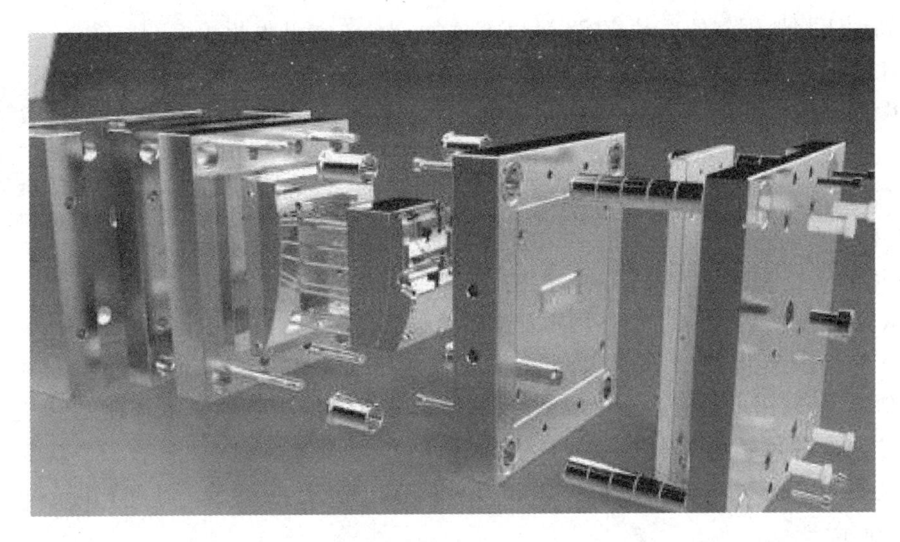

图 8.2.9　模具注塑

图 8.2.10　模压工艺

8.3　控制系统设计与开发

本节主要阐述了飞行控制器常用到的处理器和飞行控制器程序编写的框架以及飞行控制板的制作方式。

8.3.1　飞控的处理器

控制系统的开发可以从需要飞行控制器的处理器的选取开始，选取的控制不同，程序设计也会有所不同。在飞行控制系统的开发过程中，首先要对适合做飞行控制器的处理器有所了解，常用到做飞控处理器的芯片有 STM32、C51、Arduino 等开发板。

STM32 系列是一款基于自动化控制和嵌入式领域常用的工具，STM32 微控制器是基于 ARM 内核的 32 位 MCU 系列，这款微控制器具有高性能、低成本、低功耗的嵌入式应用，并且具有 Cortex - M 内核的设计。这款微处理器分众多版本，有 STM32 基本型系列、增强型系列、USB 基本型系列、互补型系列。PIXhawk 飞控用到的处理器是 STM32F427 VIT6，常用的飞控 MWC、APM 等开源飞控使用的也是 STM32 作为主处理器。

STM32 芯片介绍

AVR 微控制器是 ATMEL 公司研发出的增强型内置 Flash 的 RISC(Reduced Instruction Set CPU) 精简指令集高速 8 位单片机，可以广泛应用于计算机外部设备、工业实时控制、仪器仪表、通信设备、家用电器等各个领域，并且可使计算机的结构更加简单合理、提高运算速度。AVR 微控制器常用到 ATMEGA328P、ATMEGA2560 等单片机上，而 ATMEGA2560 单片机在开发板 Arduino NANO 和 Arduino MEGA2560 上得到应用。Arduino 开发板如图 8.3.2 所示。

图 8.3.1　AVR 微控制器

图 8.3.2　Arduino 开发板

Arduino 开发板是一个强大的电子开发硬件，不仅可以用作飞控开发的主板，还可以设计很多有趣的创意电子作品。Arduino 的出现让只有电子工程师才完成的集成电路设计变得平易近人。在硬件方面，Arduino 本身是一款非常容易使用的印刷电路板，电路板上装有专用集成电路，并将集成电路的功能引脚引出方便外接使用。同时，电路板还设计有 USB 接口，方便与电脑连接。其次，在软件方面，Arduino 提供了专门的程序开发环境 Arduino IDE，其程序编写界面设计的十分简洁，对于没有接触过程序设计同学也可以轻松上手。

Arduino 开发板介绍

8.3.2　飞控程序设计

飞控的主程序开发根据选取的处理器的种类，进行编写程序的选取。如果选取 STM32 处理器进行程序编写，会用到 keil uvision4；如果使用 Arduino 开发板进行飞控开发，会用到 Arduino 自带的开发软件。

飞行控制器在整体开发设计思路编写前，要对飞控的几个主要运算模块有所了解。飞控常用到的程序可以分为指示灯初始化程序、模数转换器初始化程序、单片射频收发芯片初始化程序、姿态感知传感器初始化程序、惯性测量单元初始化校准程序、姿态计算程序、姿态控制程序、电池电压监测程序、IMU 读取程序、PID 算法程序、PWM 信号解算程序等，对这些程序有了大体了解后，就可对主程序编写思路进行设计了。下面以小型四旋翼程序为例进行编写思路的分析，飞控程序开发流程如图 8.3.3 所示。

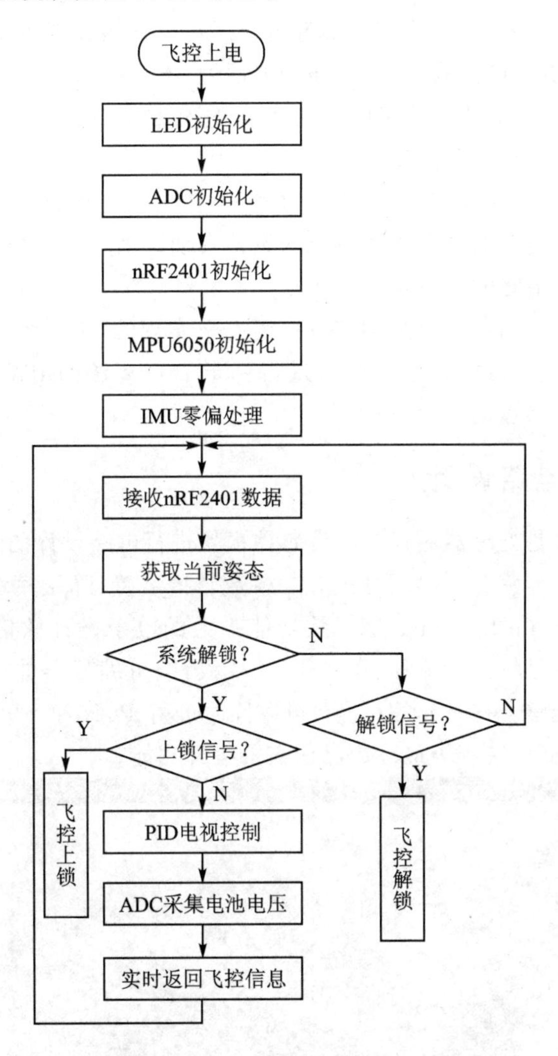

图 8.3.3　飞控程序开发流程图

这款小型旋翼无人机的飞控主程序的设计思想是飞控通电后，首先对指示灯模块执行初始化；然后是对模数转换器进行初始化，作用是将传感器采集的模拟信号转换成便于传递和计算的数字信号；依次再对无线电模块进行初始化、姿态采集传感器初始化；随后对整个系统 IMU 执行零偏处理，随后等待进入解锁信息的传入。

飞控采用定时器中断的方式，在中断中进行时间的处理，每次中断，计次标志就会自增，根据不同的中断积累，在不同时间的间隔分别处理优先级不同的任务。飞控系统每 0.5 ms 中断一次，每次中断就会检查一次无线模块数据的接收，确保飞控系统的控制信息的实时性。每两次中断即 1 ms 读取一次 IMU 单元的数据，通过滤波算法获得较为准确的系统加速度、角速度的原始数据。每四次中断即 2 ms 通过 IMU 的原始数据计算，当前飞控板系统的姿态，然后结合遥控端的目标姿态，根据两者的差值通过 PID 控制算法对各个电机的调速进行控制。每 200 次中断即 100 ms 飞控系统会采集一次电池电压，然后把电池电压发送给遥控板，来告诉操作人员当前电压的数值。

此飞控采用了加速度计传感器和陀螺传感器集成设计思路，选用整合了 6 轴运动集成姿态的传感器 MPU6050，作为系统的惯性测量单元，此传感器是整个系统正常运行的基础。MPU6050 的驱动总线为 I^2C 方式，为了程序的方便性，本系统选用 PB10 和 PB11 模拟 I^2C 来驱动。IMU 读取出来的数据只是最简单的加速度、陀螺仪角速度的原始数据，因此需要通过进一步处理才能得到本系统想要的姿态角度。

根据处理过后的 MPU 数据来获得当前的姿态，具体的姿态获取理论上是根据各个角度的积分得到当前的系统姿态欧拉角。本系统的设计实现是采用四元数算法对 MPU6050 滤波后的数据进行计算得到最终的欧拉角。

整个飞控系统的运行动作是通过调整飞控姿态来实现的，本系统设计在当前姿态的基础上，根据接收到的遥控器的目标姿态对电机进行基于 PID 算法的 PWM 控制调速，从而实现辅助修正飞机姿态的各种运动。

8.3.3 飞控电路设计

飞控电路板的设计是处理器芯片与各传感器模块进行电路设计的过程。整合到飞控上的常用传感器有姿态感知传感器、信号收发芯片、模数转换装置、降压模块等。电路设计也有自己专门的设计软件，Altium Designer 是一款功能强大的电子设计软件其界面如图 8.3.4 所示。这款电子设计软件是将设计流程、集成化 PCB 设计、可编程器件设计和基于处理器设计的嵌入式软件开发功能整合在一起的产品，可以同时进行 PCB 和 FPGA 设计以及嵌入式设计，具有将设计方案从概念转变为最终成品所需的全部功能。

图 8.3.4 Altium Designer 界面

无人机飞控板的开发完全可在 Altium Designer 上进行。飞控板的设计大体可分两步，分别是原理图绘制和印刷电路板的绘制。原理图是用来将电子元件从构想到接通，实现各电器元件之间相互联系的。运用电气原理图可分析电气线路，排除电路故障以及编写程序。电气原理图一般由主电路，控制电路，保护、配电电路等几部分组成。印制电路板又称 PCB 线路板，是电子元器件之间以及电源与元器件之间连接的印刷线路板（见图 8.3.5）。印刷电路板的使用大大减少了布线和装配的差错，而且节省了设备的维修、调试和检查的时间。印刷电路板布线密度高，体积小，重量轻，利于小型化电子设备集成电路的开发。

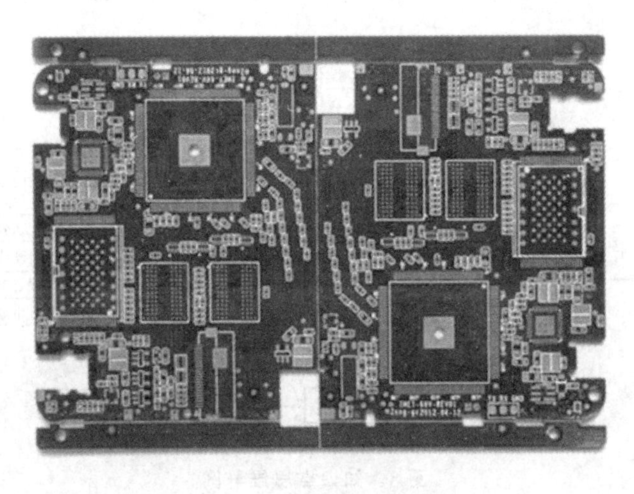

图 8.3.5　印刷电路板

下面对一种微小型旋翼飞控板的设计进行分析，主要学习飞控硬件设计的思路。四旋翼硬件开发流程如图 8.3.6 所示。

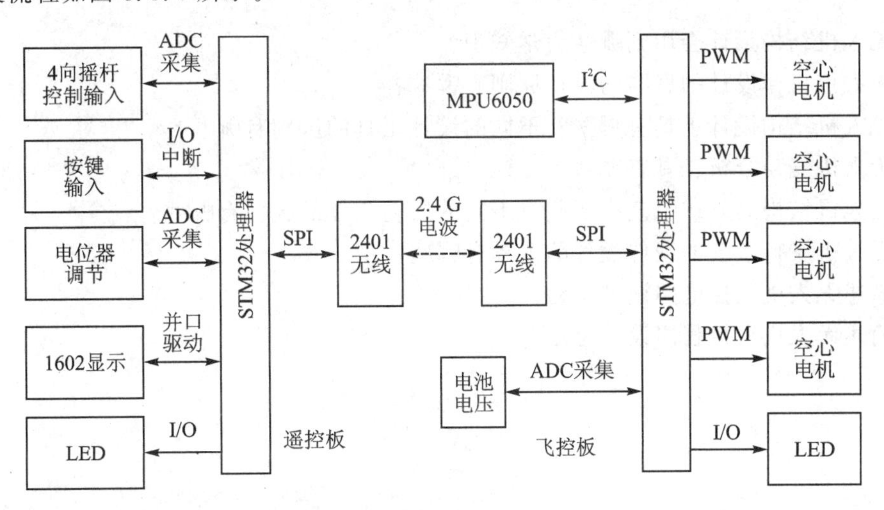

图 8.3.6　四旋翼硬件开发流程

飞控板的核心设计是 MPU6050 惯性测量传感器、nRF2401 无线模块以及飞控板电机驱动等模块的设计。惯性测量单元采用 MPU6050 作为测量传感器，驱动方式为 I^2C 接口，用时钟引脚 SCL 与主处理器连接；飞控系统采用 3.7 V 放电倍率锂电池进行供电，主控芯片供电部分和 IMU 传感器部分采用各自独立的 LDO 进行供电，这样可确保系统的稳定性和 IMU

传感器数据采集的准确性;飞控板与遥控板之间的通信采用的是基于 2.4 G 频段的 nRF2401 模块,以确保数据的稳定传输。

知识点总结

本章主要介绍了无人机设计的工具和制作方法以及无人机控制系统开发的内容。通过本章的学习,学生能够了解影响无人机设计与开发的因素有哪些。本章知识点思维导图如图 8 所示。

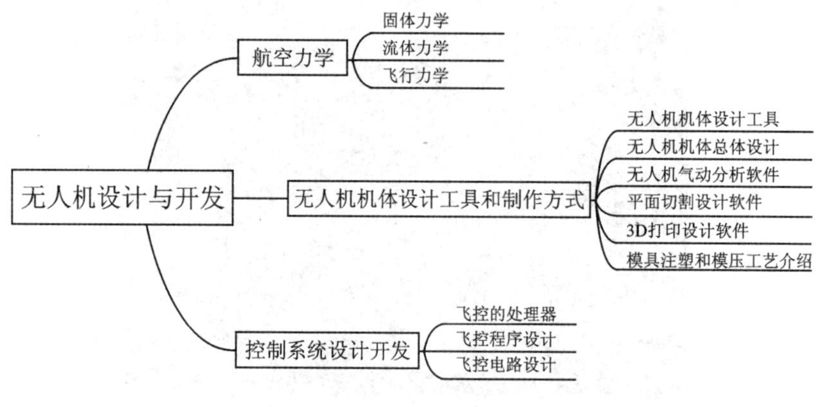

图 8　知识点思维导图

思考题

1. 无人机结构设计会用到哪些力学知识?
2. 无人机机体设计的思路与设计原则有哪些?
3. 无人机结构设计工具有哪些?不同的设计工具的区别有哪些?
4. 无人机气动分析工具有哪些?
5. 无人机结构的制作工艺有哪些?不同的工艺制作的区别有哪些?
6. 无人机飞行系统的硬件设计的工具有哪些?
7. 简述无人机飞控电路设计思路。
8. 简述无人机飞控程序设计思路。

参考文献

[1] 杨华宝. 飞行原理与构造 [M]. 西安:西北工业大学出版社,2016.

[2] 周建民. 无人机导航技术应用与发展趋势[J]. 中国电子科学研究院学报,2015(3):274-277;2015(3):286.

[3] 吴森堂. 飞行控制系统[M]. 北京:北京航空航天大学出版社,2013.

[4] 孙毅. 无人机驾驶员航空知识手册[M]. 北京:中国民航出版社,2014.

[5] 邢琳琳. 飞行原理[M]. 北京:北京航空航天大学出版社,2016.

[6] 徐华舫. 空气动力学基础[M]. 北京:国防工业出版社,1979.

[7] 谢辉,王力,张琳. 一种适用于中小型无人机的新型螺旋桨设计[J]. 航空工程进展,2015,6(1):172-176.

[8] 贾玉红. 航空航天概论[M]. 北京:北京航空航天大学出版社,2013.

[9] 王永虎. 直升机飞行原理[M]. 成都:西南交通大学出版社,2017.

[10] 王宝昌. 无人机航拍技术[M]. 西安:西北工业大学出版社,2016.

[11] Sigthorsson D O. Control-Oriented Modeling and Output Feedback Control of Hypersonic Air-Breathing Vehicles[D]. USA, Columbus: The Ohio State University, 2008.

[12] 马辉, 袁建平, 方群. 吸气式高超声速飞行器动力学特性分析[J]. 宇航学报, 2007, 28(5): 1100-1104.